U0137597

Expedition Arktis
Die größte
Forschungsreise
aller Zeiten

后浪

漂流北极

史上规模最大的北极科考行动

[匈牙利] 埃丝特 · 霍瓦思 摄
[德] 塞巴斯蒂安 · 格罗特 [德] 凯瑟琳娜 · 韦斯－图伊德 著 曾千慧 译

贵州出版集团
贵州人民出版社

图书在版编目（CIP）数据

漂流北极：史上规模最大的北极科考行动 /（匈）埃丝特·霍瓦思摄；（德）塞巴斯蒂安·格罗特，（德）凯瑟琳娜·韦斯 - 图伊德著；曾千慧译．-- 贵阳：贵州人民出版社，2022.11

ISBN 978-7-221-17323-2

Ⅰ．①漂… Ⅱ．①埃… ②塞… ③凯… ④曾… Ⅲ．①北极—科学考察—摄影集 Ⅳ．① N816.62-64

中国版本图书馆 CIP 数据核字 (2022) 第 185438 号

著作权合作登记图字：22-2022-098

审图号：GS 京（2022）0910 号

漂流北极：史上规模最大的北极科考行动

PIAOLIU BEIJI: SHISHANG GUIMO ZUIDADE BEIJI KEKAO XINGDONG

[匈牙利] 埃丝特·霍瓦思 摄 [德] 塞巴斯蒂安·格罗特 [德] 凯瑟琳娜·韦斯 - 图伊德 著
曾千慧 译

出 版 人：王　旭
筹划出版：银杏树下
出版统筹：吴兴元
编辑统筹：尚　飞
责任编辑：徐　晶
特约编辑：丁侠逊　罗泱慈
装帧制造：墨白空间·张萌 mobai@hinabook.com
出版发行：贵州出版集团　贵州人民出版社
地　　址：贵阳市观山湖区会展东路SOHO办公区A座
邮　　编：550081
印　　刷：天津图文方嘉印刷有限公司
版　　次：2022年11月第1版
印　　次：2022年11月第1次印刷
开　　本：635毫米 × 965毫米 1/8
印　　张：36
字　　数：250千字
书　　号：ISBN 978-7-221-17323-2
定　　价：218.00元
官方微博：@后浪图书
读者服务：reader@hinabook.com188-1142-1266
投稿服务：onebook@hinabook.com133-6631-2326
直销服务：buy@hinabook.com133-6657-3072

序

2021—2030年为“联合国海洋科学促进可持续发展十年”，将促进生成必要的数据、信息和知识，实现从“我们所拥有的海洋”到“我们所希望的海洋”的转变。通过凝练全球海洋科学家的智慧，“联合国海洋十年”提出了七大目标，其中包括希望打造：（1）一个可预测的海洋，即人类社会了解并能够应对不断变化的海洋状况；（2）一个可获取的海洋，即可以开放并公平地获取与海洋有关的数据、信息、技术和创新；（3）一个富于启迪并具有吸引力的海洋，即人类社会能够理解并重视海洋与人类福祉和可持续发展息息相关。

由于没有固定的观测站，北冰洋中央区可以说是人类调查最少、认知最缺乏的海区。卫星遥感观测技术的发展为极地环境的监测提供重要的支撑，卫星观测告诉我们最近40年北冰洋海冰发生了最近1000年来未曾发生的快速减退，那里的气候变暖速度是全球平均水平的2—3倍，被称为北极放大效应。卫星遥感就像悬挂在深空的眼睛，具有监测全北极变化的能力，然而能看到的往往只是北冰洋表面的变化，例如海冰的变化和表面海水温度的变化等，对于浩瀚的冰下海洋，显得无能为力。船舶和漂流冰站的调查是揭示北冰洋中央区冰下海洋神秘面纱的主要方式。近130年前，挪威探险家弗里乔夫·南森和他的同事们利用特殊设计的“前进号”帆船通过跨越北冰洋的观测，证实了穿极流的存在，证明北冰洋中央区并没有大陆和开阔的海洋，而是荒芜并且几乎完全被海冰覆盖的冰封海洋。苏联及俄罗斯继承了弗里乔夫·南森漂流冰站的观测设想，基于冰上营地开展了41次的冰站漂流观测，对大气边界层和海冰的基本物理性质进行持续的监测，获得了积雪厚度、海冰密度和盐度等气候态统计信息。然而，没有考察船的依托，冰上营地的观测能力依然十分有限，对于冰下海洋全水深的观测以及浮冰以外区域的调查仍难以企及。至2015年，由于北极海冰变得更加趋弱，俄罗斯不得不终止了基于冰上营地的漂流冰站考察计划。由于破冰考察船船时的宝贵，以及后勤补给需要庞大的经费支持，历史上基于破冰船的漂流冰站考察屈指可数，美国实施的“SHEBA”计划是“MOSAiC”（北极气候研究多学科漂流冰站）考察实施之前最完善最全面的漂流冰站计划，观测数据至今仍被广泛应用于北极气候和天气数值模式中。然而，“SHEBA”计划实施于1997—1998年，观测背景是北极的多年冰。1984—2017年，冬季多年冰的占比从约65%减少到了40%，当前超过五年的多年冰占比减少到不足5%。在这样的背景下，“SHEBA”的观测数据对当前北极海冰显得十分不适用。

在德国阿尔弗雷德·魏格纳研究所暨亥姆霍兹极地与海洋研究中心（AWI）的牵头和全球北极海洋科学家的共同努力下，“MOSAiC”计划从科学家研讨会的构想变成了现实，来自全球20个国家、80多个研究所的科学家走到了一起，利用德国的“极星号”考察船在北冰洋实施了一整年的漂流观测，科学家共同致力于通过获得全球观测最少海区的观测数据，更新我们对北冰洋的认知，将北冰洋打造成一个可预测的海洋，一个富于启迪并具有吸引力的海洋，服务于北冰洋的保护和可持续利用。本人作为中方的协调人深入参与了“MOSAiC”计划，与本书的原著摄影记者埃丝特·霍瓦思共同参与“MOSAiC”第一航段的现场考察。阅读了千慧给我的翻译稿，船上一起战斗过的国际同行和现场考察场景瞬间浮现在眼前。领队马库斯·雷克斯博士对科学总是充满热情，并且可以将深奥的北极气候变化描述得像个故事；副领队、海冰专家马塞尔·尼古拉斯博士对现场作业安排总是那么严谨，把时间表做得像德国的机器那样精密；后勤总管韦丽娜·莫霍普特对于“熊”来“熊”往、冰开冰裂的作业风险总是那么有把控力；生态学家艾莉森·冯会告诉别人，女性科学家可以把北极探险做得很好……“极星号”就像个“联合国”，尽管船上的科学家都有着共同的梦想，但来自不同国家、不同地区的科学家总会有意无意地将不同国家和地区的文化要素带到船上。北欧探险家尽管性格粗犷，但总有织不完的毛衣；芬兰的科学家觉得桑拿是每天的必修课；巴西人尽管跨越了大半个地区来到北极的浮冰上，依然相信足球是最重要的；来自瑞士阿尔卑斯山和美国阿拉斯加的科学家好像从来不觉得北冰洋中央区有多冷；中国人对工作总是表现得很谦逊和执着……

科学家用他们的设备、仪器和记录本记录着这块浮冰以及相关联的大气、海洋和生态等系统的变化；记者们用照相机、摄像机和笔记录着这里发生的一切。风暴过后，科学家在拯救他们的设备，记者们记录着科学家的身影。在学术讲堂上，科学家们努力把他们做的科学研究表达得清楚而精彩，记者们努力把科学家讲的科学变成故事。记者是科学家与大众读者之间的桥梁，有了这个桥梁，大众读者才能更深刻、更精准地了解科学家所从事的工作；年轻读者也可能因为一些科普读物对某些行当的科学产生兴趣，后来成为科学家。感谢埃丝特·霍瓦思们，因为他们的记载、图片和影像，我们对那片北冰洋中央区域普通而不简单的浮冰有了更多的念想；感谢千慧，兼顾东西方文化和语言的差异，用精准而富有温度的中文翻译了这本科普读物，让中国读者触及那片冰以及与之相关的科学和科学家的故事。

“MOSAiC”考察是成功的：我们把北冰洋中央区冬季全水深的观测数量翻了一番，在浮冰上布放的浮标数量比过去10年的总和还多，在北冰洋中央区域实施了人类第一次冰下沉积物捕获器的持续采样观测……中国作为这个伟大航次的重要参与方，为这一次次的“人类首次”做出了应有的贡献，我们仍在与国际同行一道致力于利用获得的数据和样品更好地描述这个快速变化的海洋。

“MOSAiC”考察中方协调人 雷瑞波研究员

2022年6月15日

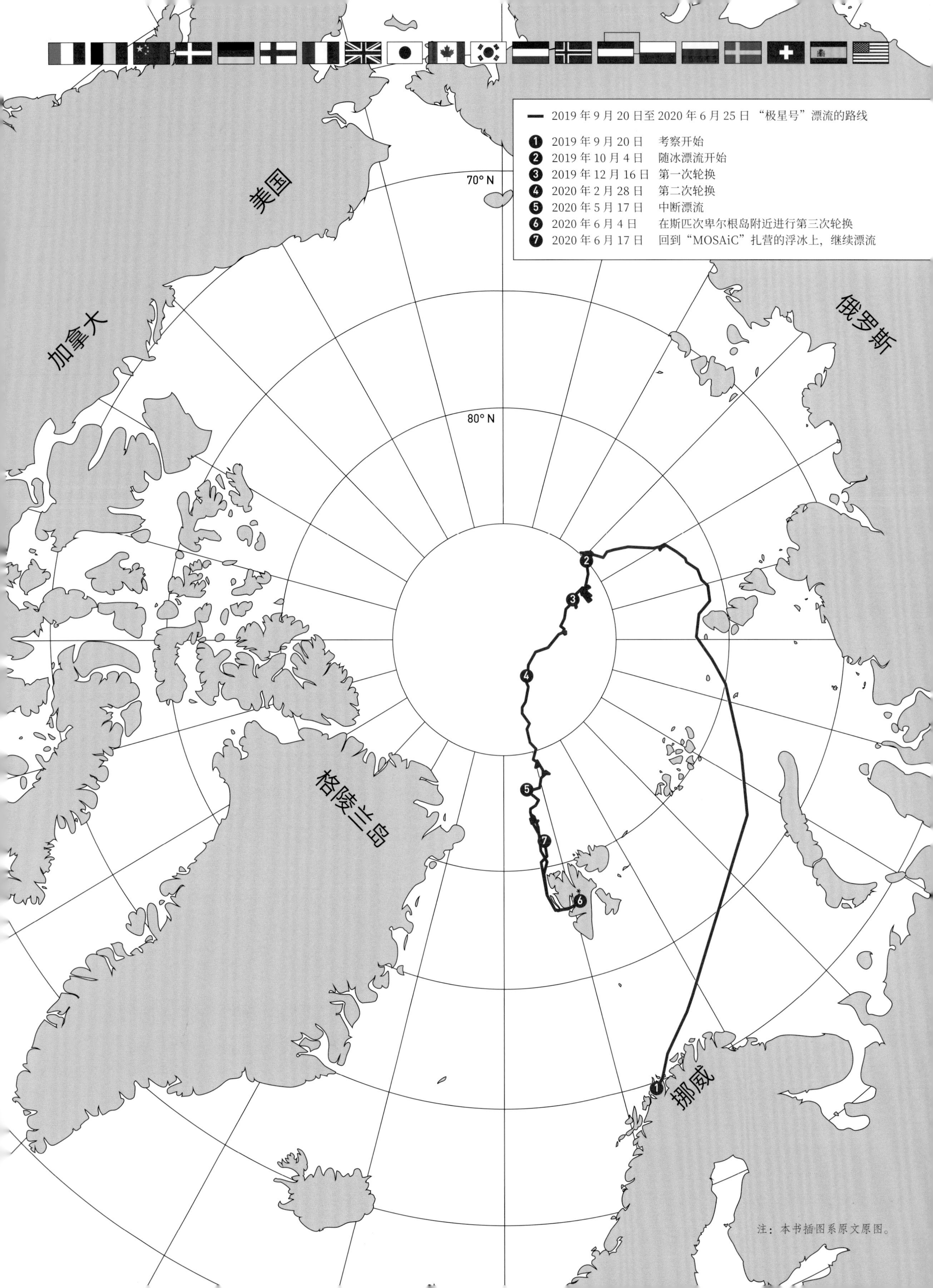

2019年9月20日至2020年6月25日“极星号”漂流的路线
❶ 2019年9月20日 考察开始
❷ 2019年10月4日 随冰漂流开始
❸ 2019年12月16日 第一次轮换
❹ 2020年2月28日 第二次轮换
❺ 2020年5月17日 中断漂流
❻ 2020年6月4日 在斯匹次卑尔根岛附近进行第三次轮换
❼ 2020年6月17日 回到“MOSAiC”扎营的浮冰上，继续漂流
70° N
80° N
美国
加拿大
俄罗斯
格陵兰岛
挪威

注：本书插图系原文原图。

目录

“MOSAiC”计划执行期间，来自20个国家的科学家们聚在一起，用一年的时间对北极进行了调查。从2019年秋季到2020年秋季，冻结在海冰上的德国破冰船“极星号”正在北极海域漂流。“MOSAiC”计划正在阿尔弗雷德·魏格纳研究所暨亥姆霍兹极地与海洋研究中心（AWI）的指导下进行。这是一个独特的项目，为了确保它的成功，并且为了尽量收集更多有价值的数据，有超过80家机构集结成研究联盟共同合作。“MOSAiC”考察的预算超过1.4亿欧元。

前言

这本图册记录了“MOSAiC”考察的历程，这是有史以来最大规模的北极考察。此次考察共有大约500名考察队员参与，他们分阶段出发，跟随挪威探险家弗里乔夫·南森的脚步，去了解北极中部的气候系统。他们在极地研究方面树立了新的里程碑：过去，没有一艘船在冬季像“MOSAiC”考察中的“极星号”那样冒险向北深入北极中部。冬季的冰层太厚了。即使是最好的科考破冰船，仅依靠船本身的动力也不可能做到这一点。出于这一原因，“MOSAiC”考察队于夏末将自己锁定在北极西伯利亚一侧的浮冰中，随冰逐流，最终几乎穿过北极，到达大西洋的海冰边缘——这一过程完全受风和海流等自然力的支配。

在风暴肆虐的极地之夜，强大的冰压将浮冰堆积成数米高的冰堆，当冰面上的世界在极夜的绝对黑暗中缩小成一个由探照灯发出的小气泡时，考察队将会感受到前所未有的特殊经历。经历持续数月的漫长冬夜之后，第一缕阳光出现在地平线上，起初犹豫不决，随后势如破竹，最终第一次日出完整地出现了。夏季的温暖化开了海冰，海冰上的融池[1]呈现幽幽的蓝色，太阳永久地围绕地平线旋转——这些确实是令人印象深刻的场景。北极熊多次拜访我们的研究站，这种美丽而令人敬畏的动物敏捷地游荡在它们的冰雪栖息地里，相比之下，我们人类显得十分渺小。

> “我们需要坚实的科学基础，以便根据确凿的证据准确地制定即将出台的气候保护政治决策。……只有这样，我们的社会才能依据有理有据的知识做出决定。”
>
> ——马库斯·雷克斯

但是船上也有正常的生活，人们每天要做一些常规事务，比如每天烤面包卷，剪头发，不停地脱下和穿上考察装备，以便在寒冷和恶劣的风雪天气外出。埃丝特·霍瓦思捕捉到了这一切，并用她吸引人的照片为我们一一记录了下来。通过阅读这本书，你将身临其境，好像适时地在考察的各个阶段中旅行。当我浏览这些照片的时候，我感觉自己回到了这片非凡的风景中，再次感受到了考察的氛围和心情。

然而，我们为什么要进行这次考察呢？为什么我们能够达成一项前所未有的后勤成就——部署了总共七艘破冰船、直升机和飞机为主科考船“极星号”提供补给，并实现了这百年一遇的考察计划呢？为什么数百名考察队员要在北极中部的冰面上，在这最恶劣的条件下艰难地操作他们的仪器呢？

北极是气候变化的中心。地球上没有其他地方的变暖速度比北极快。北极气候变暖的速率至少是地球其他区域的两倍——在冬季，这一情况更为明显。20世纪90年代初，我就去过北极，现在那里已经是一个与我当时所知的完全不同的世界。20世纪90年代的冬季，当我到达我们在斯瓦尔巴群岛上的科考站时，那里只有冰和雪。那里只有冰冻而坚实的景观，只有闪闪发光的白色雪晶和深蓝色冰块。科考站位于一处峡湾的岸边，但冬季的它完全被冰雪所覆盖，几乎看不见。我曾经用滑雪板和雪地摩托在那里穿越了无数次。

如今，当我再次来到科考站的时候，此处的景观已截然不同。冬季，水以液态的形式溅到我的脚上。在过去的十多年里，峡湾很少结冰，海浪乘着风欢快地拍打着这曾经是坚冰的地方。过去我常滑雪前往的目的地，现在乘船就能到达。科考站的数据显示，这里的冬季气温每10年升高约3℃（5.4℉）——自20世纪90年代中期以来则升高超过6℃（10.8℉）。这里的气候变化再明显不过了。这里不需要用高精度的测量仪器或复杂的统计数据来

1 在阳光的照射下，覆盖在北冰洋海冰上的积雪渐渐融化，在冰面上形成许多大大小小、造型各异的水洼，这些水洼即融池。——译者注（以下如无特殊说明，均为译者注）

证明气候变化的存在：你只需要睁开你的眼睛。但是如果想要理解这一变化并预测未来，我们需要对北极中部数十个高度复杂的气候过程进行精确的观测。

不幸的是，北极的气候系统是目前我们最不了解的地球区域气候系统。在相同的二氧化碳排放情景下，不同气候模型所预测的北极变暖结果相差三倍。在悲观的排放情景下，预测结果认为北极的气温将升高 5—15℃（9—27 ℉）。北极的情况严重影响了北美洲、欧洲和北亚的天气。寒冷的北极和温暖的中纬度区域之间的温度差异驱动着北半球主要的风力系统，即极地急流（polar jet stream）。由于北极变暖正在加剧，这一风力系统正在发生变化，对欧洲、北美洲和亚洲的天气和气候产生了直接而深远的影响。

我们需要坚实的科学基础，以便根据确凿的证据准确地制定即将出台的气候保护政治决策。我们需要可靠的气候模型，以便告知人们当前我们正在讨论的不同的气候保护措施分别可能产生什么样的后果。只有这样，我们的社会才能依据有理有据的知识做出决定。为此，我们必须更深入地了解北极中部的气候过程，并且在我们的气候模型中更详细地描述它们。这就是我们开启为期一年的、独特的北极中部之旅的原因。多亏了这本书中的照片，你也可以和我们一道前往。

马库斯 · 雷克斯

“MOSAiC”项目（北极气候研究多学科漂流冰站）考察队领队

POLARSTERN

测量一个正在消失的世界

几乎没有人能来到这么远的地方：这里位于世界最北端海岸线以北的数百千米处，北冰洋的中部，这里被冰、寒冷和黑暗所包围。风暴在冰面上肆虐，使浮冰不停地运动。强风把浮冰推得吱吱作响，浮冰被向上挤压，形成了几米高的冰塔。在极夜，只有月光能够描绘出冰的奇异轮廓。

风和海仿佛每天都想重新感受这独特的风景。任何时候，海冰上都可能出现一条大裂缝，露出下面的海洋。对人类来说，这片数千米深的黑暗海洋意味着致命的危险。然而，对于我们星球的生命来说，它扮演着至关重要的角色，就像它的冰层——以及整个遥远的北极一样。

北极是气候变化的中心。近几十年来，地球上几乎没有哪个区域的变暖速度能有北极这么快。与温带区域相比，北极的暖化已经清晰可见。而这场突如其来的变化进展得比预期的还要快。很显然，我们必须与今天所认识的北极告别。北极的夏季将越来越暖和，海冰也将进一步回退。曾经厚达数米的大浮冰将变得越来越薄，而那些持续数年的浮冰将变得越来越少。北极独特的环境组合将解体——其严重性不仅仅局限于北极点周围的海洋变化。

现在还没有人能说出“旧”北极的消失对我们的未来意味着什么。北极点没有科考站，因此我们几乎没有任何北极点的测量数据——特别是在极夜的数据，因为在持续半年的整个冬季里，北极中部都笼罩在黑暗中。在很大程度上，北极点周边区域是气候研究的盲点。如果说这是拼图中唯一缺失的部分，那就太轻描淡写了。事实上，就连整个区域的框架都仍然是未知的。但如果不了解北极，就不可能了解气候变化。

因此，10 年来，科学家们制定了填补我们的北极知识空缺的项目计划。这一项目计划此前从未在北极中部实现过。它设想让德国科考破冰船“极星号”被浮冰封住，在北极海域漂流一年。这长达一年的航次将被分为 5 个航段，每个航段，船上将载有来自 20 多个国家的 100 名考察队员。他们并不是第一批冒险到达严酷、遥远的极北区域进行考察的人，但是，如果一切按计划进行，他们将是第一批在深冬乘坐现代科考破冰船接近北极点的人；也是第一批进入极夜那难以接近的黑暗和寒冷中过冬的人，其行动路线完全由掌握冰漂的自然力决定。

对于来自世界各地的参与者来说，这是他们生命中难能可贵的一次考察。他们小心翼翼地准备着，学习如何在 -40℃（-40 ℉）下的环境里生存以及如何在黑暗中工作，如何处理敏感的测量仪器，以及如何识别可能构成生命威胁的浮冰。他们知道，接受如此任务的机会只有一次。

2019 年 9 月 20 日，“MOSAiC”考察队的“极星号”终于起航了。首批参与者共 100 名队员从挪威的特罗姆瑟启程。在最初的几周内，“极星号”边上还有另一艘科考船——俄罗斯的“费奥多罗夫院士号”陪伴，上面载有额外的队员。他们身后是有记录以来最温暖的夏季之一，而前方则是一段长达数月的未知之旅。在开阔大洋航行了几天之后，两艘船开始破冰，开始了一场与时间的赛跑。他们在一片浮冰上搭建了研究站，并将其与广布于周边各测量站点的网络连接起来。这片浮冰既是队员们的家，也是他们的工作场所和研究对象。日复一日，太阳开始后退，直到它完全消失在地平线之后。极夜开始，笼罩在冰面之上达 150 天。在这片被黑夜笼罩的贫瘠土地上，“极星号”保护着队员们，令他们免受暴风雪、严寒和饥饿的北极熊的侵袭。

“极星号”是研究人员的观测站，是他们用以观察这片鲜为人知的区域的一只眼睛。在这里，他们测量大气、海洋及其中的

生物。他们调查海面上的冰和雪。他们既关注大环境，也关注小环境。他们的问题紧密相连：海冰究竟是如何形成的？当浮冰破裂，相对温暖的海水与极冷的空气接触时会发生什么？在极夜的极端条件下，随着阳光增加、春季到来，在冰层下爆发新生命之前，生态系统发生了什么变化？当然，这次考察的科学家们希望找到当前最重要的问题之一的答案：北极在多大程度上受到气候变化的影响，同时，北极在多大程度上驱动着气候变化的发生？

这些研究人员的工作将是气候研究的里程碑。然而，这项任务也带来了前所未有的挑战：科学挑战、后勤挑战和人际关系的挑战。人、机器和敏感的测量仪器必须在北极的极端条件下工作。计算必须正确，数字必须准确，举个例子，倘若食品、燃料或备件短缺，任务的成功实施就可能面临风险。尽管有最先进的技术，但成败最终取决于团队成员——无论他们的职业、出身和年龄多么不同——他们必须在这种极端的体验中相互依赖。

今天，我们对我们星球的极地印象仍然停留在大约一百年前的模样。罗尔德·阿蒙森、罗伯特·斯科特和弗里乔夫·南森等探险家用相机记录了他们前往极点的探险和比赛经历：这些图像的清晰度极低，它们以颗粒状的灰白色和深褐色展现过去的极地环境，那里曾经被认为是永恒的冰雪世界。而在“MOSAiC”考察中，“极星号”研究人员所记录的图像是高清晰度的，它们非常详细地展示了人类如何着手记录一个正在消失的世界。它们也是一封邀请函，邀请人类一道参加这个时代规模最大的北极探险。

埃丝特·霍瓦思、塞巴斯蒂安·格罗特、凯瑟琳娜·韦斯－图伊德
考察参与者，北极中部，2019 年 10 月

火之洗礼

做好在极端环境下
工作的准备

1
2

4
5

考察开始前的夏季，“极星号”停泊在不来梅港的劳埃德造船厂。在干船坞的底部，你可以清楚地感受这艘船的尺寸，比在其他任何地方都清楚。这艘科考船长 118 米，吃水深度 11.2 米。她是德国极地研究的象征。这艘破冰船已经进行了 120 多次北极和南极考察，航行 170 万海里（约 315 万千米）。然而，对于“极星号”来说，没有哪次考察能比拟她现在所面临的挑战。在不远的将来，工人们今天正在准备的船体将被海冰包围数月。

这是一个寒冷刺骨的三月天。在挪威新奥勒松，世界上最北端的小镇之一，几个人在峡湾冰冷的海水中一动不动地漂浮着。他们停留在海水表面，仿佛被看不见的手托举着。几分钟后，他们费力地用手臂划回海边，拖着身子上了岸。

他们现在确信已经找到了适合他们执行任务时穿的衣服：一套既能提供必要的保护，又允许他们相对轻松地行动和工作的浮力生存服。他们需要最好的设备来完成他们的计划。新奥勒松国际研究基地位于北极斯瓦尔巴群岛，因此这里是“MOSAiC”考察计划的理想试验场。尽管如此，他们仍知道他们要去的目的地温度会更低，风也会更强劲。

回到陆地上，更多的练习在等待着考察队员。考察队员还需要穿着雪鞋和滑雪板四处走动。他们还搭建了一顶大帐篷，用来放置一个用于大气研究的系留气球[1]。现在他们还可以慢慢地做，但在之后的极夜，他们不会有这样宽裕的时间。他们将重复练习搭建帐篷的方法，直到熟练而习以为常，以至于可以闭上眼睛操作。

几周前，在芬兰北部，气温已经降到了 -20℃（-4 ℉）以下。这是一个受欢迎的旅游区，但距离旺季开始还有几个月的时间。海卢奥托岛海滩上的北极灯塔酒店特别为这批大约 60 名科学家而开放。每天早餐后，这些科学家离开受游客们欢迎的海滩，前往附近的海冰。就像在进行拓展循环训练一样，参与者们穿越不同的站点进行不同的操作：驾驶雪地摩托，测量冰的厚度，在冰上锯出洞，取出冰芯。有个工作组还开发了一种特殊的导航系统，现在他们正在实际条件下进行首次测试。浮冰会在漂流过程中移动，所以普通的全球定位系统（GPS）设备在那里是没有用的：仅仅几分钟后，每个测量点就移动到了其他地方。这就是为什么一些海冰物理学家发明了所谓的“浮冰巡航定位仪”。平板电脑的应用程序能够显示出一个随浮冰移动的坐标系。因此，科学家们总能看到他们在哪里采集了特定样本，危险区域在哪里，或者如何在浓雾中找到返回“极星号”的路。

“MOSAiC”考察队的工作条件会非常苛刻。对于大多数参与者来说，深冬时分，在接近北极点的浮冰上工作将是全新的挑战。因此，他们都在北极圈内的区域接受了为期数周的训练，并且训练条件中至少有部分与近北极点的条件相似。他们已经熟悉急救包里的材料，也练习了如何在寒冷和黑暗中操作测量仪器。他们穿着救生衣在游泳池里划水，直到筋疲力尽，还要戴着眼罩练习灭火。由于考察将把他们带到北极熊的王国，因此他们已经也学会了如何在遇到这些动物时采取行动。这意味着最终他们可能需要顶着强大的压力，用来复枪射击动物。最后，船长和几名高级船员接受了应急处理训练，以应对绝对紧急事件：如果他们必须在北极海冰的中部、距离最近的救生艇站 1000 多千米的地方疏散船上人员，那么他们应该怎么做才能生存下来呢？

当他们练习在寒冷中坚持等待救援时，不来梅港的造船厂工人正在为“极星号”为期一年的任务做准备。在干船坞里，他们正在焊接、锤击和上漆。这一次的维护工作量远超以往。为了应对即将到来的北极冬季，他们正在安装一些部件，包括一台新的油箱加热器。他们还在船首安装了额外的起重机，以便在浮冰上

1 本书提到两种用于气象探测的气球——系留气球和探空气球。系留气球通过长长的绳子系留在地面，上升高度可以调整，一般不会超过 3 千米；探空气球可脱离地面向上飘，到平流层后，外部气压逐渐减小，气球不断膨胀，最终爆炸。

“‘极星号’是‘MOSAiC’的心脏——它就像汹涌大海中的锚一样。无论出了什么问题，‘极星号’仍然会在那里。我必须确保这一点。我是如此看待我的任务的。”

——斯蒂芬·施瓦兹船长

放置重型测量仪器。该船还为“月池”安装了一架新的绞车，“月池”是一台与浮冰下的海水直接相连的竖井。阿尔弗雷德·魏格纳研究所的港口仓库离这里只有几百米远。这里的架子都满了。考察队总共将携带 500 吨货物——从雪地车等重型机械到大量螺丝钉都有。他们现在没有装载的任何东西，在以后建立研究站时都无法再补充，因为即使是最近的硬件商店也在“极星号”难以到达的远方。

在新奥勒松峡湾，在射击场和紧急情况模拟环境下，考察队员们不仅学到了冰上工作的技能和冰上潜在危险的大量知识，而且对于他们之中的许多人来说，考察已经正式开始了。时间将告诉我们，这些密集紧张的准备能否在北极无情的现实中证明它们的价值。在极地区域，计划几乎毫无意义，但持续的计划意味着一切。最重要的是，考察队员的学习为他们带来极大的灵活性和创造性，因为有一件事是肯定的：在这类考察中，尤其是在这次考察中，毫无疑问会有意想不到的事情发生。

蒙着双眼灭火，在黑暗中实弹射击——这些准备工作是一种压力测试，是对考察队员的一种检验。他们中的许多人以前从未拿过消防水带或上了膛的来复枪。但这是让他们为真实的紧急情况做好准备的唯一方法。

22

考察队即将进入北极熊的领域。尽管考虑了多层次的安全策略，尽可能避免与这些捕食者接触，但在浮冰上，每个小组里都必须有人携带装有子弹的枪支。在射击场，考察队员们顶住压力，在黑暗中练习操作来复枪。但最重要的是，他们要学会随机应变，这样就不必使用武器了。

斯瓦尔巴群岛坐落在挪威和北极点之间的中途，而北极点位于北冰洋的中部。科考小镇新奥勒松位于斯瓦尔巴群岛的主岛[1]上，是世界上最北的定居点之一。一些国家的研究人员就以这里为基地调查北极。这也使得新奥勒松成为“MOSAiC”考察队的理想试验场。

过去，新奥勒松的矿工们开采煤矿，将煤炭从地下运到地表，而今天，来自世界各地的科学家们在此研究气候变化对北极的影响。即使到了冬季，他们之中也有几十人住在科考站里。没有道路可抵达——只有飞机、轮船或雪地摩托才能到达新奥勒松。

1 主岛名为“斯匹次卑尔根岛”。

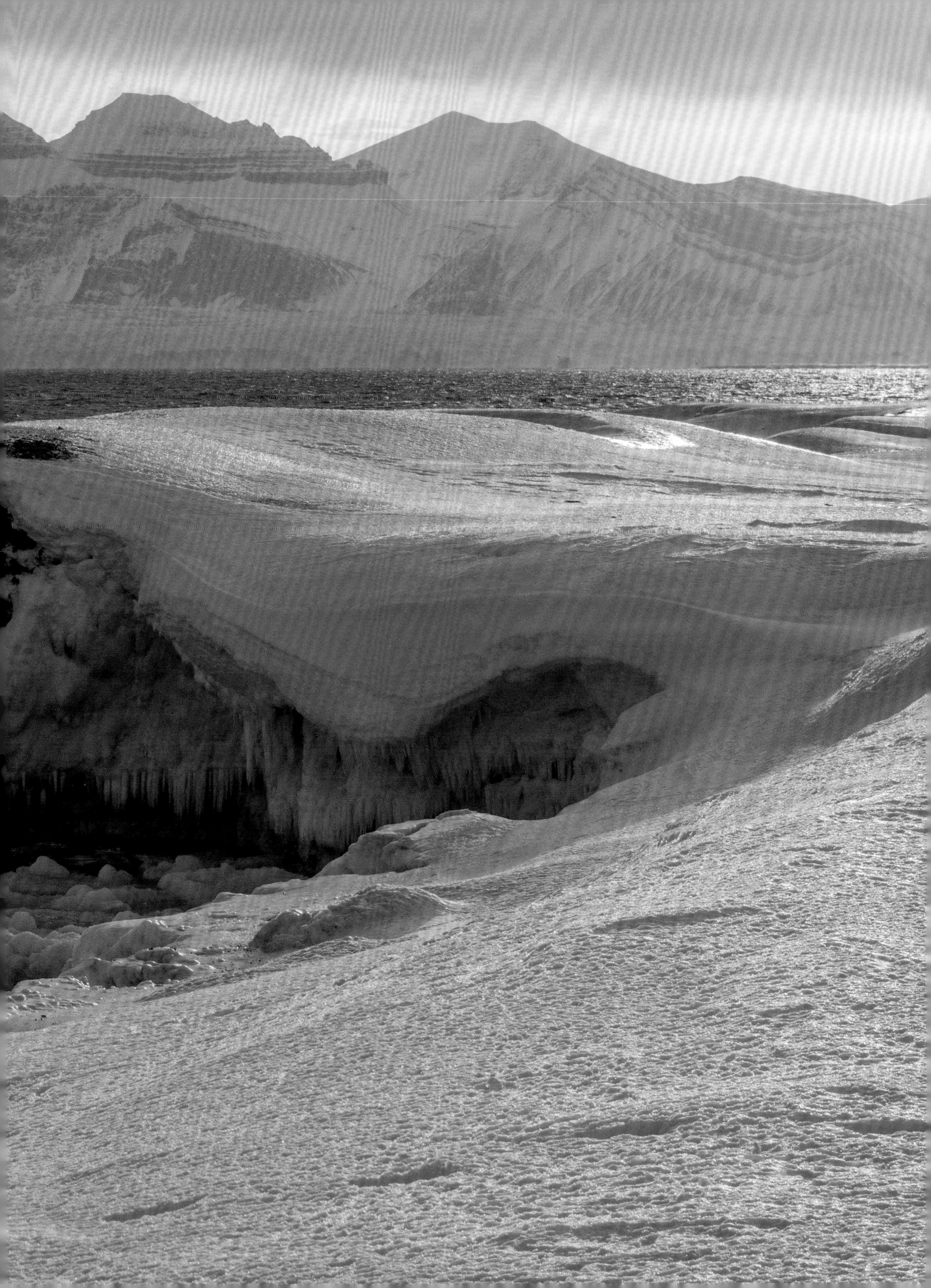

科学家安贾·索末菲准备释放连接着气球的无线电探空仪。科学家可以利用探空仪测量大气温度、气压和风速等气象变量。探空仪在飞行过程中向科考站发送数据。自1993 年以来，新奥勒松的科学家们会在每天正午 12 点释放一个气象气球，从而积累了一套宝贵的数据集。相比之下，北极点附近区域的气象数据寥寥，几乎没有任何可与之比较的测量结果。

在极端条件下的着装。在 –1.8°C（28.76 °F）的水温和 –29°C（–20.2 °F）的气温下，未来的考察队成员正在学习如何在水中存活。由于一些研究工作需要在浮冰的边缘进行，不能排除有人在考察过程中掉进水里的可能性，因此漂浮服是冰上活动的标准服装。

下一页面：后勤组长韦丽娜·莫霍普特正在用考察队里最引人注目的研究气球进行测试。鉴于气球的形状和颜色，考察队员们亲切地称它为“小猪小姐”。

“在新奥勒松的训练是所有参与者相互合作的好机会——这就是‘MOSAiC’考察如此特别的原因。‘MOSAiC’考察是一个独特的大型团队共同努力的成果。”

——韦丽娜·莫霍普特，后勤组长

“20 世纪 90 年代初，当我第一次来到斯瓦尔巴群岛时，3 月和 4 月的康斯峡湾仍然是一片冰雪景观。在那些年里，我们经常滑雪或乘坐雪地摩托穿越冰面。如今，如果我在 3 月和 4 月来到这里，我就会站在开阔的海域旁。过去我们曾经滑雪穿越的地方，现在只能乘船穿过。这里是世界上极少数的气候变化如此明显的地方。”

——马库斯·雷克斯，考察队领队

IPEV 2

如果必须疏散船上人员，你将如何存活下来？船长和十几名高级船员勇敢地应对了这场极端的演习。他们的第一项任务是乘救生筏到达海岸。第二项任务是在救援到达之前存活下来。但是没有人知道救援会在多久之后到达。

在贫瘠的峡湾环境中，考察队员只有依靠团队合作才能完成演习训练。每个人都必须信赖他人。他们没有携带饮用水，因此必须在周围寻找干净的冰，稍后带到营地里融化。他们的食物是由面粉、油和糖制成的生存饼干。它们的味道和你想象的一样（左下）。

14 名被困人员必须共用 5 个睡袋。他们每 4 小时轮班 1 次。第一组人睡觉时，第二组人监视北极熊，第三组人执行营地里需要做的事情。有时，他们甚至有时间翻阅书籍。

启航

直入海冰

整个考察最激动人心的时刻之一始于2019年10月4日晚的“极星号”驾驶室内。在出发仅仅十几天后，科学家们就发现了一片浮冰，他们希望在浮冰上建立一座能够漂流穿越北冰洋的、为期一年的研究站。当他们到达浮冰附近时，考察队领队马库斯·雷克斯和副领队马塞尔·尼古拉斯将注意力集中在雷达上，观察浮冰在雷达上的确切位置。船必须在不严重破坏浮冰的情况下深入浮冰的稳固部分。

“我们正在选择的海冰以及此处将继续形成的海冰是整个‘MOSAiC’考察计划的基石。我们将全面细致地检查海冰及其变化。很大程度上，这片浮冰将为‘MOSAiC’考察创造科学性的历史。”

——马塞尔·尼古拉斯，考察队副领队

9月20日下午，挪威特罗姆瑟港笼罩着阴云。当“MOSAiC”考察队的第一批队员走过狭窄的舷梯，登上“极星号”时，峡湾里又下起了雨。不久之后，当北极的降水以冰冻状态落在他们身上时，他们会几乎忘记淋雨的感觉。

9月20日是海洋探索历史上标志性的一天，因为费迪南德·麦哲伦在500年前的同一天开始了他的环球航行。甲板上，一名水手正在收集护照。虽然这是例行公事，但仍令人感觉像是在进行临时交易。考察队的队员们正在用脚底下坚实的土地换取船上的生活。他们身边站着的，是来自世界各地的科学家、新老同事，而不是他们的家人。

他们一起回望港口。来自政界、科学界和媒体界的代表们已经聚集在25号码头，共同为这艘船送行。大量的发言、奏乐和拥抱恰当地组成了这一次告别的庆祝内容。随后，夜晚的九点一刻，出发时刻终于到了。“极星号”的汽笛响了三次。此时，考察队里的许多人心中涌出一种特别的情绪，他们一直期待着的这一时刻终于来临。其中一些人已期待了多年，他们已为此行做了精心准备。岸上的人群拿出手帕向船只和船员们挥舞致意，直至他们启航后消失在峡湾的黑暗中。

甲板上，平静的海洋慢慢地吞没了海岸上最后的呐喊声。考察队的旅程已经开始。船上的一些人以前从未去过北极，而其他人不仅去过，还可以回顾自己在北极几十年的研究。然而，所有人都对一件事情看法一致：这次考察将是他们生命中独一无二的经历。

整整两周后，一片洋溢着兴奋的寂静弥漫在“极星号”的驾驶室里。在船长、领队和高级船员们身边，好奇的考察队员聚在一起，挤在窗户前。在黑暗中，他们的脸难以辨认。驾驶室里只有几盏灯发出微弱的光。这种短波光令他们的眼睛能够聚焦于最重要的目标：外部世界，三束探照灯光照亮了广阔的北极海冰。接下来的几分钟将是确定考察队未来路线的决定性时刻。

考察的第一天，“极星号”离开最后的峡湾。在船上的第一个夜晚，队员醒来发现自己被茫茫大海所包围，此时此刻，他们感觉像在经历一个永恒的夜晚。在前往巴伦支海的途中，他们看到了挪威北角的最后一块土地，北极光在那上空翩翩起舞。在往东北的航线上，“极星号”经过了六个时区。航程中，“极星号”穿过喀拉海，经过俄罗斯的新地群岛和北地群岛，驶向北极海冰，在将近一周后到达了北极海冰的外缘。此刻，一场与时间的赛跑开始了，因为每天的太阳都在逐渐向远方后退。在极夜开始之前，他们必须为他们的计划找到一块合适的浮冰。他们借助卫星图像、直升机和他们的第一次徒步侦察行动，不知疲倦地找寻适合他们考察的冰。在这里，“极星号”终于与俄罗斯“费奥多罗夫院士号”支援船重新会合，后者比“极星号”晚一天离开特罗姆瑟，现在正在协助搜寻合适的浮冰。

在“极星号”的驾驶室内，决定性的时刻已经到来。船体缓慢地破冰，发出的爆裂声越来越大，直至船终于遇上一片大约2.5千米×3.5千米的浮冰，浮冰中心是一处异常稳定的区域。经过短暂但彻底的探索，考察队得出结论：这里将是“极星号”随冰漂流的起点。船小心地驶入了浮冰。现在每一步操作都不能出错，因为这片浮冰尽管核心坚固，但它的许多地方仍然是脆弱的。考察队几乎像是在从自己的脚下挖土。只要有一次错误的行动，就有可能摧毁考察队员的新家，且没有挽回的余地。与此同时，“极

成功进行系泊操作后，晚上 10 点半，考察队到达 85° N，134° E 的目的地。从这里开始，船只的两台发动机进入怠速状态，但在漂流期间，驾驶室的观察任务仍继续进行。大副费利克斯・劳伯在午夜开始执勤。他和他的同事们在航海日志里记下了“极星号”移动的距离，从现在起，他们用“漂流英里”代替“海里”。

星号”必须尽可能靠近稳定区域，因为只有在那里才有建立研究站的现实机会。晚上 10 点半，船只到达目的地，发动机可以休息了。船长把坐标“85° 04.582´N，134°25.769´E”记入航海日志。然而，这只是暂时的坐标，到第二天，坐标数值就会改变。从现在开始，考察队基地的位置只由北极海冰的移动来决定。

就在几天前，两艘科考船“极星号”和“费奥多罗夫院士号”在北极中部重聚。在一次协调一致的行动中，船长们让他们的船只紧靠彼此停了下来。这意味着他们可以利用起重机运送人和货物，然后在船之间进行交换。两艘船上的科学家们讨论了目前为止的浮冰搜寻结果。

下一页面：在此期间，两头好奇的北极熊向船只靠近。熊妈妈和她的幼崽看起来状态良好。

ФЕДОРОВ

АКАДЕМИК ФЕДОРОВ

THALE

比埃拉·科尼格以安全专家的身份加入了此次考察。一年多来，她考虑了所有在北冰洋可能出现的对考察构成威胁的情况，同时制定了应对策略。天气变化会造成许多危险。突然出现的大雾会导致考察队在冰上难以找到方向。若稍有不慎，未保护好皮肤，则未防护处可能在几分钟内被冻伤。考察队员们还必须做好准备应对随时随地冒出来的北极熊。现在，是检验安全系统的实际表现的时候了。

“这不是一片完美的浮冰，但它是在北极的这一区域里最好的浮冰，在经历温暖的北极夏季之后，它所提供的条件比我们预期的更好。”

——马库斯·雷克斯，考察队领队

自9月28日以来，首批团队一直通过乘坐用起重机连接的吊笼[1]从“极星号”降落到同一片浮冰上。自考察队员们分析了卫星数据的结果后，一直将这片浮冰视为最受欢迎的理想浮冰。他们一直不清楚这片浮冰的确切情况，直到他们花了几个日夜，在防熊组的陪同下，用电磁探测器绘制了浮冰的地图，并反复采集了冰的样本（右上）。他们的调查工作经由驾驶室的指挥协调进行，并由红外摄像机监控。

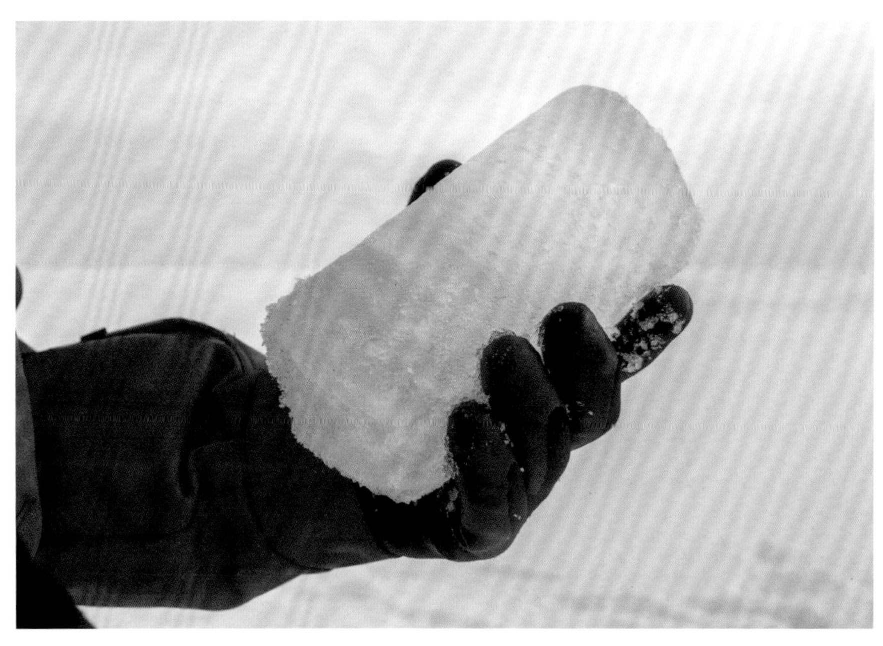

1 船上的人们称这个吊笼为“mummy chair”。

冰漂的发明

弗里乔夫·南森和挪威极地远征队

1895 年 4 月初，弗里乔夫·南森想到了一种方法，而这一方法可能挽救了他的生命。远离家乡，经过几天的反复思考，这个挪威人决定放弃成为第一个到达北极点之人的雄心壮志。他与 12 名同伴在探险船“前进号”上，与船一道被困在浮冰中，在北极漂流了近两年，却与北极点相隔数百千米。尽管如此，为了达到他的目标，他于几周前离开了“前进号”，在约尔马·约翰森的陪同下，试图依靠雪橇和雪鞋穿越最后几个纬度。然而，层层叠叠的高耸冰脊，迫使他们不断地搬运雪橇。他们几乎没有取得任何进展，每一千米都是一场考验。浮冰上的雪太少了，他们的雪鞋没有发挥作用。一切都是白色的：能见度很差，以至于他们几乎看不到冰上的隆起和裂隙。他们的绝望终于达到了极限。生命对他们来说比到达北极点更有价值——于是他们转身返回。

尽管遭遇了这一挫折，“前进号”的漂流探险仍是极地探险史上的一项重大成就。在《极北之旅》一书中，南森对他的此次行程进行了全面的描述，解释了这次大胆的探险是如何开始和结束的。

根据书中的叙述，他是在 1884 年秋季萌生漂流这个念头的。当时他偶然发现了挪威科学家亨里克·莫恩的一篇惊人的文章：在格陵兰岛西海岸，发现了一些明显属于美国海军军舰“珍妮特号”的残骸。而三年前，在一次北极考察中，“珍妮特号”在西伯利亚的离岸海域附近沉没。那么这些残骸是如何到达格陵兰岛的呢？根据莫恩的说法，这一发现只能用跨极漂流理论来解释：他认为，风和海流将海冰缓慢地从西伯利亚推向格陵兰岛，并穿过北极点。

由于大片的海冰是当时的船只所无法逾越的障碍，因此人们几乎无法到达北极点。而且北极的海岸都距离北极点太远，北极点附近也没有适合的、可作为滑雪探险营地的地方。南森由此发现了自己的机会：如果漂浮物可以从西伯利亚穿过北极点漂往格陵兰，那么对于一艘为随冰漂流而定制的船来说，它也有可能跟其他漂浮物走相同的路线。他设计了一艘尽可能小而坚固的船，刚好能容纳 12 名船员和 5 年的物资供给，那就是“前进号”。与以前的探险船不同，“前进号”的船体是圆胖状的，其表面几乎不会被冰的挤压力量所破坏。四周涌来的冰压不会将船体挤碎，而是会将船只向上推。毫无疑问，当时的人们觉得南森的这个设计很古怪，因为它忽略了许多造船规则。大多数专家认为南森的计划鲁莽，但他的热情赢得了争论的胜利。毕竟，把飘扬的挪威国旗第一个立在北极点的想法实在是太诱人了。最后，部分出于公众关注的原因，这次远征筹措到了大量资金，无数经验丰富的海员们也提出了参与申请。尽管无人能确定船员们能否活着回来。

1893 年 6 月 24 日，仲夏节，时机已经到来：是时候说再见了。在当时被称为克里斯丁亚那的地方，也就是如今的挪威首都奥斯陆，人们成群结队地来到码头边，高兴地挥舞着帽子和手帕。南森后来提到，透过单筒望远镜回望家乡的时刻是整个旅程中最艰难的时刻。在接下来的数月和数年里，他和他的船员将面临难以形容的困难。在沿着挪威和俄罗斯海岸航行之后，他们终于在 9 月 20 日到达了 78° N 的海冰边缘。在他的报告中，南森描述了四天后发生的事情：

清晨的雾随着白天的流逝而消散，随之，我们发现我们的四面八方都被相当厚实的冰层紧紧地包围住了。浮冰之间是流冰，很快，它们就会变得十分坚实。北面有一处没有被冰封的海面，但不是很大。从瞭望台用单筒望远镜观察，我

们仍然可以越过冰面向南眺望大海。我们看起来好像被关在浮冰里了。好吧，我们甚至要向海冰致意。

极夜即将来临，在接下来的几天里，南森和他的团队将“前进号”改造成了冬季营地。这一冬季将持续近三年。海冰的力量使船颤抖着，发出巨大的响声。南森很高兴，因为“前进号”的反应和他想象的一模一样：它被冰向上推动着。南森仔细地记录了他的观察结果，例如，他意识到在满月和新月时，海冰的压力特别大。然而，经历了整个冬季，最初的喜悦变成了挫败感，因为漂流几乎没有把他们带向北方：每次他们稍微向北漂流一点，随后不久就又遭遇折返。1894 年 2 月 18 日，他写道：

我们现在在 80° N 左右，九月份我们在 79° N。也就是说，5 个月内我们只走了 1°。如果我们继续以这种速度前进，我们将在 45 个月，或者 50 个月后到达北极点，在 90 个月或者 100 个月后到达另一边的 80° N，然后可能有一些希望在一两个月后离开浮冰回家。在最好的情况下，如果事情像现在这样继续发展，我们 8 年后就能回家了。

他们往北漂流得越少，船员们的表情就越严肃。南森越来越清楚地意识到，如果可以，他只有用雪橇才能到达北极点。终于，1894 年 11 月 16 日，南森在月光下穿着雪鞋散步之后，宣布他决定在春季出发，徒步前往北极点。对南森和他的团队来说，为这一段探险进行准备，意味着一个渴望已久的转折点终于到来。他们计算了徒步 780 千米并到达北极点整个过程所需的内容：两个人、28 条狗和 1050 千克的物资。当南森的眼睛在地图上漫游时，他的后背一阵战栗。

在前两次尝试里，南森和约翰森不得不在雪橇损坏后快速放弃徒步，回到安全的船上。但在 1895 年 3 月 14 日，伴随着雷鸣般的枪声，他们终于在很长一段时间后再度出发，这也是最后一次出发了。这次他们从约 84° N 的位置开始徒步。起初，天气状况良好，他们走过了地形平滑的区域，那里只是偶尔会出现隆起

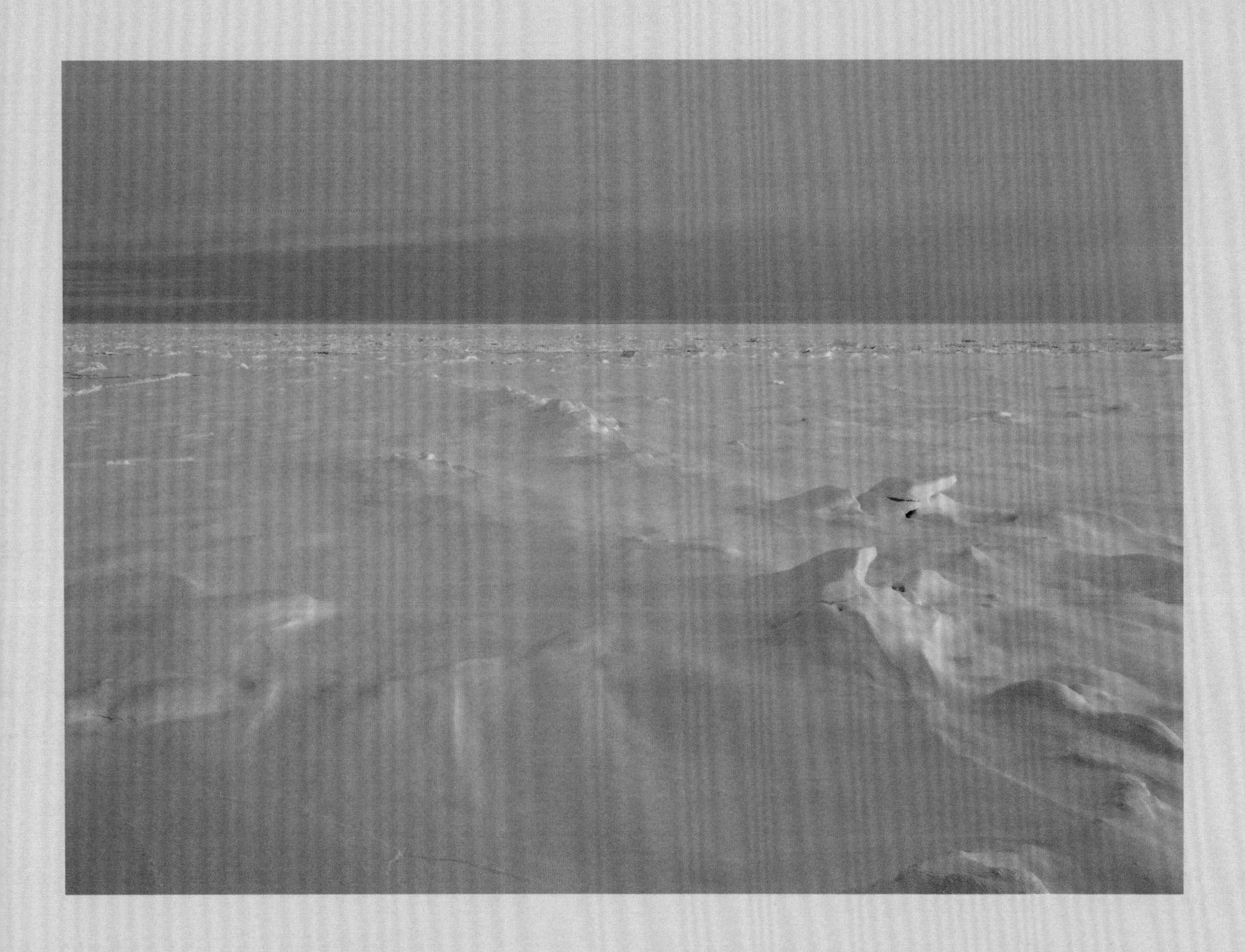

的冰脊。然而，仅仅几天后，情况就发生了变化。1895 年 4 月 6 日，南森记录道：

> 海冰的情况越来越糟糕。昨天它把我带到了绝望的边缘，今天早上，当我们停下来的时候，我几乎决定返回了。不过，我还要再走一天试试，看看北面的冰层是否真的像我们营地的冰脊那样糟糕，营地的冰脊有 30 英尺（约 9.1 米）高。我们昨天走了几乎 4 英里（约 6.4 千米）。窄道、冰脊和无尽的糙面冰，这里看起来像是由大量冰块组成的无尽冰碛。为了克服凹凸不平的冰面，我们必须一直抬着雪橇，这样的体力活足以让巨人疲惫不堪。这里有各种稀奇古怪的碎冰块，在大多数情况下，它们并不是非常硕大，而且它们似乎是最近才被挤压抬升的，因为它们还没有完全被薄薄的、松散的雪所覆盖，有的冰块会突然掉落到另一冰块中央。这样的地形一英里接一英里地向北延伸。

两天后，南森和约翰森终于放弃了。现在，他们的新目的地在南方。他们不知道“前进号”漂到了哪里，于是他们瞄准了法兰士约瑟夫地群岛。起初，他们的进展比前几周好得多，但随着时间的推移，许多大大小小的裂缝穿过浮冰，令他们的旅途变得复杂。雪橇犬的食物也开始短缺，他们不得不杀死一些雪橇犬。越往南走，他们遇到的动物越多，包括海豹、鲸和海鸟等，即将到达的陆地给了他们希望。那是他们和“前进号”启航两年后的事了。1895 年 7 月 24 日，南森写道：

> 奇迹终于出现了。陆地，陆地！在我们几乎放弃对它的信念之后！在将近两年之后，在远处的地平线，在那条永无止境的白线上，我们再次看见了我们曾经见过的东西。而那条白线，一条在这片海域绵延千年的白线，在未来的千年中，也将以同样的方式延伸。我们正在离开它，不留下任何痕迹，因为我们这个穿越无尽平原的小队的足迹早已消失。我们的新生活正在开始；而对于海冰来说，一切如初。这片陆地一

直萦绕在我们的梦中，现在它像幻象，像仙境！它在地平线上，像漂浮的白色浪花，像远处的云彩般缥缈，令人担心它下一秒就会消失。

虽然南森和约翰森踏上了坚实的陆地，但是距离目的地还很远。他们在法兰士约瑟夫地群岛上搭建了简易的越冬营地，其实那只不过是一个冰内洞穴，能够为他们抵御一些恶劣天气。可猎捕的动物数量很充足，现在他们最大的敌人是似乎无穷无尽的时间。有时，为了尽可能快地熬过这个冬季，他们每天最多睡上 20 个小时。时光流逝，周复一周，月复一月，直到 1896 年 5 月，他们终于再次出发。6 月，历史上最奇怪的邂逅之一发生了。起初，南森感觉自己听到了一个声音，随后他看到山间有一条狗，过了一会儿，一个黑影出现了。据南森描述，那个人在跟那条狗说英语，他甚至觉得自己以前见过那个人。没错，那个人正是英国极地探险家弗雷德里克·乔治·杰克逊，他多年来一直在考察法兰士约瑟夫地群岛。两人就这样面对面地相遇了：一边是穿着格子西装的杰克逊，身上散发着香水味；另一边是穿着破烂衣服的南森，过去几个冬季的寒风把他的面庞染成了古铜色，他几乎不再像人的模样了。杰克逊看到南森之后十分激动，因为人们认为南森早已迷失在北极，不会回来了。

在杰克逊的帮助下，南森和约翰森于 1896 年 8 月 13 日抵达挪威北部的瓦尔德港。同日，南森去了当地的邮局，在桌上放了一大捆他想尽快寄出去的电报。那一天，在南森和约翰森与当时已经闯出浮冰的“前进号”上的同伴们团聚之前，全世界都已获知了挪威极地探险队的两名成员安全返回的消息。尽管他们没有达成目标，但他们穿越了 86° N 纬线，到达了有史以来人类到过的最北的地方。

漂流

在世界极北处建立研究站

POLARSTERN

新的世界，新的家，新的研究课题：对于考察队来说，这片浮冰就是一切。开展负责任的研究意味着总是要进行细致周到的考虑。但任何计划在脆弱的北极海冰上度过一整年的人都必须格外小心。在“MOSAiC”浮冰上实施的第一项任务是在雪白的北极中确定自己的方位。斯蒂芬·施瓦兹船长举着荧光绿色的旗子，为考察队驻扎奠定了第一个基础，随后，研究人员开始在“MOSAiC”浮冰上定居下来。虽然船将被冻结在浮冰中，并随着浮冰自然漂流，但考察队仍必须下放冰锚。否则，风和海流可能会在漂流过程中拉扯“极星号”的船体，将其从浮冰上撕扯开。

近几周以来，世界已被白色和灰色主宰，一种奇怪的光逐渐笼罩在冰面、天空和“极星号”上。现在是 10 月中旬，极夜越来越近了。

北极昏暗的光之魔力创造了看似无尽的蓝色阴影。在如此暮色中，想要把你的视线从周围环境中移开重新开始工作，需要很强的自制力。但对于考察队来说，此刻又是一场与时间的关键比赛。考察队必须在浮冰上找到合适的路线，建立研究站和基地。他们必须在浮冰上尽快找到可以稳定放置科学设备的场所，在极夜到来之前搭建冰站。

因此，在这些暮光朦胧的日子里，浮冰就像是一个活跃的蜂巢。搭建阶段是考察中最繁忙的阶段之一。每个人都要加入工作，一只手都不能闲着，随着寒冷加剧，队员们的防护服越来越厚。理论上，科研、后勤和船员之间的角色分工明确，但现在需要最大限度的团队合作：防熊员也参与建站，生物学家铺路，博士生布设电缆，大气研究人员肩负起北极货物转运的任务。一旦在浮冰上标好路线，考察队员们就用雪地摩托和外观古老但实用性极强的木制南森雪橇在冰上运送重型仪器。船上的直升机也参与运输工作。但最重要的是，采用防冻电缆供电需要付出大量体力劳动和汗水，这是一项重大的后勤工程。随着浮冰面积持续扩张，白天的光线逐渐减弱。考察队开始越来越多地使用人工光源。“极星号”拥有三盏强大的前探照灯，为在冰面上移动的人们指明了方向，这与她的名字不谋而合。队员们通常在数百米以外的地方工作后顺着灯光返回他们安全的家园。与此同时，冰丘背后的阴影越来越深。暮光中的蓝色逐渐被强烈的对比色所取代。

极地研究人员还戴着头灯，这样他们可以把手腾出来搭建站点、设置仪器。有的工作只需要体力，有的则需要敏感的触觉。因此，有件特别的事情变得越来越棘手：是戴上厚厚的手套，保护你的手指，还是让你的手暴露在冰冷的环境中，以便对设备进行微调？现在这里的温度通常远低于 -20℃（-4 ℉）。当风刮过裸露的手时，人们感受到的是刺骨的寒冷，它刺穿了人的疼痛极限。在极地考察中，冻伤风险经常存在。

然而，多亏了这种跨专业、跨学科和跨语言的合作，世界上最北端的定居点以闪电般的速度诞生了：一座有纵横交错的小道和电路的研究小镇，这里有庇护所、机库和各个研究领域专用的区域。这些区域甚至有自己的名字：海洋城、气球镇、气象城、遥感站和水下机器人（ROV，Remotely Operated Vehicle）的基地——ROV 绿洲。简而言之：有序的文明来到了这片浮冰上。至少暂时如此。因为从一开始，这群人在北极海冰上搭建的短期定居点就吸引了这一区域的真正原住民——北极熊的注意力。它们的好奇心就像北极风暴一样对敏感的科学仪器具有破坏性，它们不时会破坏冰站的建设。因此，更为紧迫的任务是架设绊网和威慑物来阻止这些生物潜入研究站，这也是为了它们自身的安全。事实证明，向天空发射带有嘶嘶声的发光信号弹能够有效地阻止好奇的北极熊。

在建站阶段，俄罗斯支援船“费奥多罗夫院士号”绕着中央研究站在距离其多达 50 千米远的地方转圈。他们的任务是在冰面上建立一个自动测量站点的分布浮标网络。他们用坚固的俄罗斯米 -8 直升机在海洋和冰上放置浮标。这项任务有风险，但天气状况尚佳。雾和风很少阻碍工作，也多亏船员和飞行员拥有丰富的

极地研究通常是一项十分艰巨的工作，但有时也是一项更需要敏锐的感官的工作。为了寻找一个适合搭建海洋城的地点，生物学家艾莉森·冯用味觉来测试冰的特性。人类的舌头可以作为一种测量仪器，并提供可靠的信息：如果冰不是很咸或完全不咸，说明在过去更暖的季节里，此处可能曾是融池。在这些地点，冰层可能仍不稳定，无法承受研究站的重量。

经验，他们按时完成了任务。分布浮标网络一完成，极夜的黑暗就降临了。“费奥多罗夫院士号”在“MOSAiC”浮冰上休憩，与“极星号”完成了几名科学家的交接和仪器设备的更换后就告别离去了。“极星号”被独自留下，只有大约 100 人留在船上，他们将面对几乎未经探索的北极冬季。海冰、“极星号”和研究站的集体漂流已经开始。

海冰足够稳定吗？要回答这个问题，必须仔细检查它的厚度。茱莉亚·雷格纳里和雷纳·格劳普纳正在用钻机和冰层厚度探测器为搭建海洋城寻找合适的地点。海冰至少要有60厘米厚，才足以支撑海洋城的重量。

此次考察第一航段的漂流航线长度：

200千米

因浮冰“之”字形移动而漂流的实际距离航线长度：

720千米

此次考察第一航段的漂流速度（2019年11月16日）：

每小时1.4千米

FXR
AWI

ARSTERN
FXR

“极星号”和气象城相隔约 600 米，气象城是距离“极星号”最遥远的站点，也是大气研究的中心。这里距离母船很远，必须搭建一处庇护所：这是一座避难屋，位于研究站边缘最外围、紧挨着所谓的“堡垒”——“MOSAiC”浮冰的稳定中心，这里的海冰被挤压成冰堆。在一个刮风的日子里，下午晚些时候，团队开始在戈特·赫尔曼森（右下角，站在梯子上）的大力协助下搭建木屋。戈特·赫尔曼森是来自挪威的木匠，他在此次考察中担任防熊员。当团队中的一些人在“极星号”享用完短暂的午餐后返回时，他们感到惊喜：小屋已经搭建完毕，那些留在气象城继续工作的人们终于可以有避风的地方了。

ARM
FXR

既孤独又诱人，气象城的小屋标志着冰站的最外边缘。这里的温度有时可以被加热到略高于冰点——在北极恶劣的环境条件下，这里算得上是一处舒适的庇护所。仅仅是看到它就能让你忘记脚下没有坚实的土地，只有一层 60 到 70 厘米厚的海冰。在附近的冰雪小丘上，防熊员正严密监视着周边区域。

下一页面：研究人员，包括考察队的副协调员马修・舒佩，已经在陆地上多次演练了这套复杂的装置。每一步操作都必须经过深思熟虑，每只手的行动顺序都必须正确，才能克服冰上的困难条件，成功地安装敏感仪器。

在考察中，即兴创作的天赋是无价的，毕竟天气和海冰会一直产生不确定性。同时，研究站的建设需要良好的协调和规划。马修·舒佩和大卫·科斯塔都来自美国，他们和团队成员围在一起，正在为建立气象城的下一步工作展开讨论。每一步操作都要小心谨慎地执行，以免损坏珍贵的仪器。犯错可能带来毁灭性的后果，可能将工作延迟数小时甚至数天。所幸大家合作无间，成功地在脆弱的海冰上搭建起了两座气象测量塔——一座 11 米高，另一座 30 米高。

“跨项目、跨学科和跨国的团队合作，对于‘MOSAiC’考察的成功执行至关重要。”

——马修·舒佩，考察队副协调员

adidas

北极熊的自发来访并不是唯一的潜在危险。脆弱、活动而偶尔滑溜的海冰也有潜在的危险。在搭建站点期间，安全组随时关注冰上的活动。安全专家比埃拉·科尼格正与她的同事汉斯·霍诺德（左）和亨宁·柯克在驾驶室的红外摄像机前进行讨论。即使在能见度很低的情况下，摄像机也能帮助他们监视周围的环境。驾驶室内的安全人员还与陪同研究人员登上冰面的防熊员保持着持续的无线电联系。如果发生危险或紧急情况，他们将立即派出救援人员或疏散浮冰上的人员。

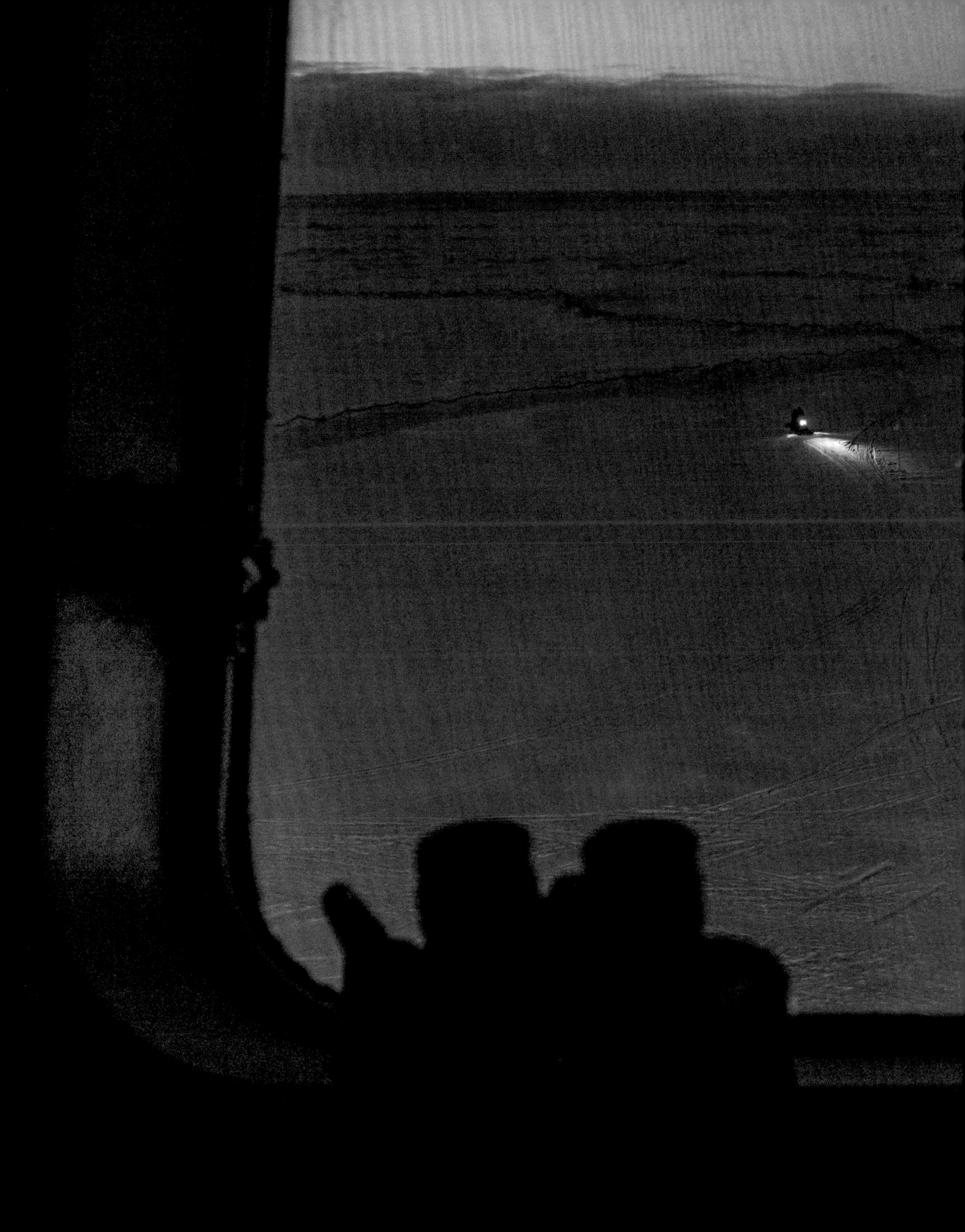

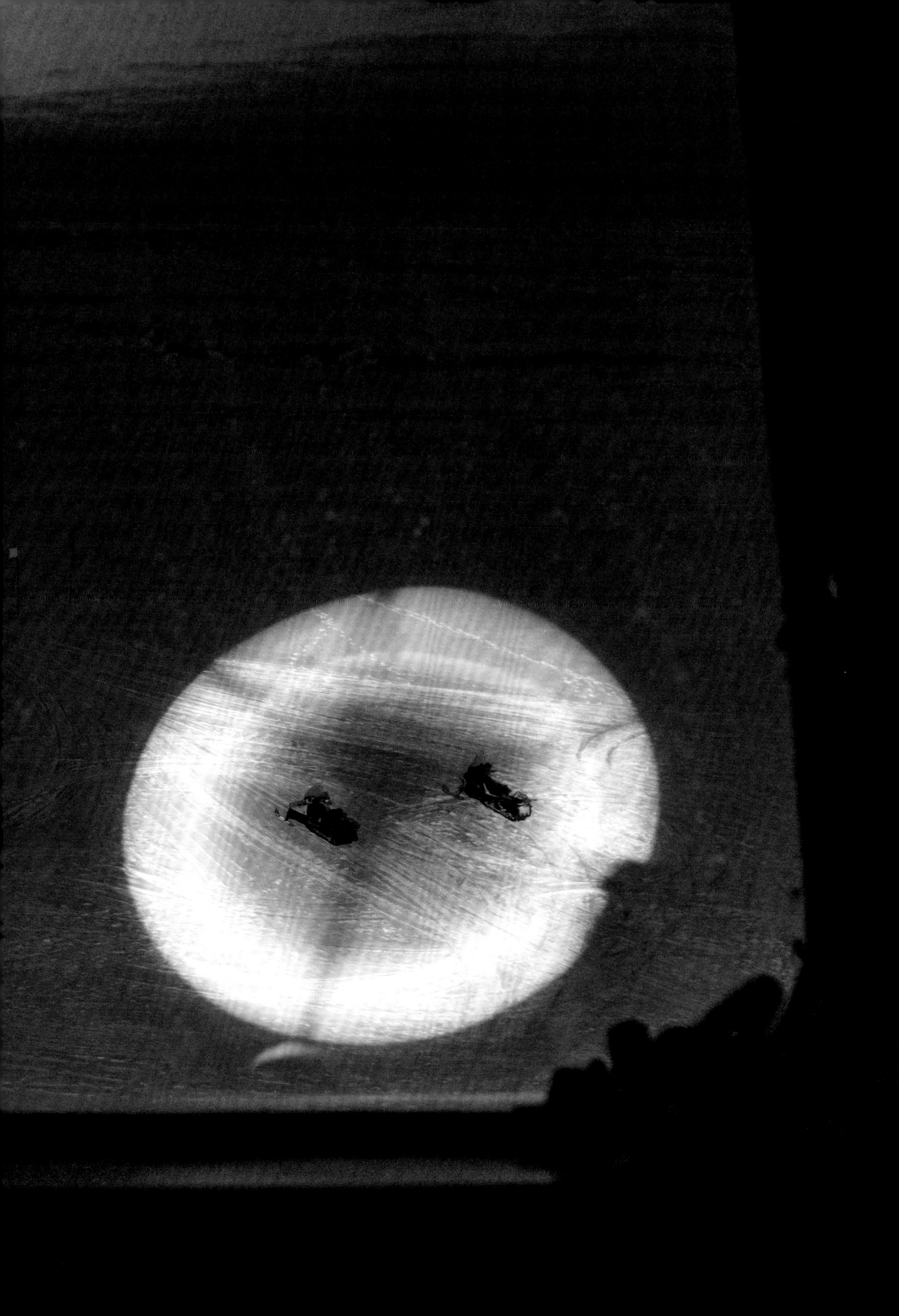

大气研究

探索风、云和颗粒

气象城——大气研究人员所在区域——的天际线显眼地从冰冷的景观中升起。人们的目光聚焦在气象测量塔上，一座 11 米高，另一座 30 米高。它们的金属结构看起来既脆弱又奇特——它们坐落在一层正在漂浮着的、薄薄的、动态且不可靠的海冰上，而不是坚实的地面上。强风不断给塔身带来倒塌的威胁，但这些塔上的仪器在考察期间为研究人员提供了关于北极气候系统的大量宝贵数据。天气条件允许时，研究人员的航空设备会爬升到令人眩晕的高度。不同颜色和形状的研究气球、无人机、研究飞机和直升机，以及雷达、激光扫描仪、微波和红外辐射计等测量仪器——这些设备的种类繁多，令人叹为观止。测量范围从冰面向上延伸到距离冰面 35 千米高的地方，大约是客机常规飞行高度的 3 倍。在那里，研究人员正在研究平流层（stratosphere）深处的臭氧层。这是地球大气层的第二层——在它下面的对流层（troposphere），是我们生活的地方，也是天气变化发生的地方。

然而，北极本身就拥有更为壮观的景象：当冬季的风暴席卷极夜，风和海流推动海冰时，海冰会破裂和碰撞，发出声响。原本被冰层隔开的空气和海洋会突然开始接触。随后，在地球上人们最意想不到的地方，在这片寒冷的区域里，水蒸气开始出现——还有大量的热量。虽然海水很冷（大约 -1.5— -1.8℃［29.3—28.76 ℉］，这里海水的冰点远低于淡水的冰点），而极地冬季的空气温度低至 -45℃（-49 ℉），相比之下，北冰洋似乎温暖得令人着迷。它就像一个庞大的地下供暖系统，从地球更南部的区域获取能量，然后通过海冰的裂缝传递暖气，温暖着极地的夜晚。

海冰裂缝令大量热量和水汽从海洋中逸出，该景象可能非常壮观，但在过去的气候模型中，几乎没有人考虑到这些细节。相比于北极庞大的海冰层，它们的影响似乎太小了。然而，气候变化使得海冰裂缝越来越常见。通常较年轻的薄冰层比生长多年的厚冰层更容易破裂，这是全球变暖之前，北极中部的海冰特点。全球变暖之后，当海水用如此巨大的热通量以越来越高的频率加热空气时会有什么影响？寻找这个问题的答案正是“MOSAiC”考察队研究人员的主要任务之一。

云是由水蒸气通过海冰的裂缝从海洋中逸出而形成的。而且，与地球上的其他地方一样，这一区域的热平衡（包括冷却和变暖）取决于天空中是否出现云层以及出现了哪些云层。多云的天空通常与日照少、降水多和天气凉爽有关。但是例如在冬季的夜晚，我们所在区域的云层也展示了保温的能力：它们将白天的热量困在大气层中。相反，没有云的夜空则让白天的热量逃逸到了广阔的太空中。类似地，出现在北极区域的更大更厚的云层也会令大气变得温暖。

云是否具有冷却或变暖效应取决于云的类型及其高度。它还取决于特定类型的云形成的频率，以对北极气候系统产生持久的影响。例如，外观精致的卷云形成于温度较低的时候，它们携带着冰晶和雪晶，悬浮在大气中。卷云非常细小，因此几乎无法在大气中困住任何热量。相比之下，更湿润的云层悬挂在大气中更低的位置，它们就像厚厚的水滴堆，下面的空气也会变得暖和。因此，随着全球变暖，更潮湿的云层越来越有可能出现，这将导致大气中的温度更高。然后，正反馈效应开始了，气候变化推动着自身向前发展。

这就是“MOSAiC”考察队的科学家们追逐云的原因。他们将雷达和激光雷达对准天空，其中激光雷达将一束光像箭一样直射入高空中，像极了科幻小说里的场面。一旦到达云层，研究人员就可以根据无线电波和激光的反射结果分析云层的成分。当风

“MOSAiC”考察队致力于研究北极气候系统所有有趣的复杂性。在为期一年的漂流任务中，这个由各国专家组成的考察队有机会密切地观察气候系统中不同部分的相互作用情况。各个组的科研重点分别是（1）大气（2）海冰（3）海洋（4）生态系统和（5）生物地球化学，他们紧密合作，以全面地了解北极。他们收集到的数据将有可能预测出更准确的气候发展情况，这些预测内容是人们迫切需要的——不仅是北极区域的变化，还有全球的变化。这次考察的名称反映了这种复杂多样的合作研究方法：MOSAiC——北极气候研究多学科漂流冰站（Multidisciplinary drifting Observatory for the Study of Arctic Climate）。

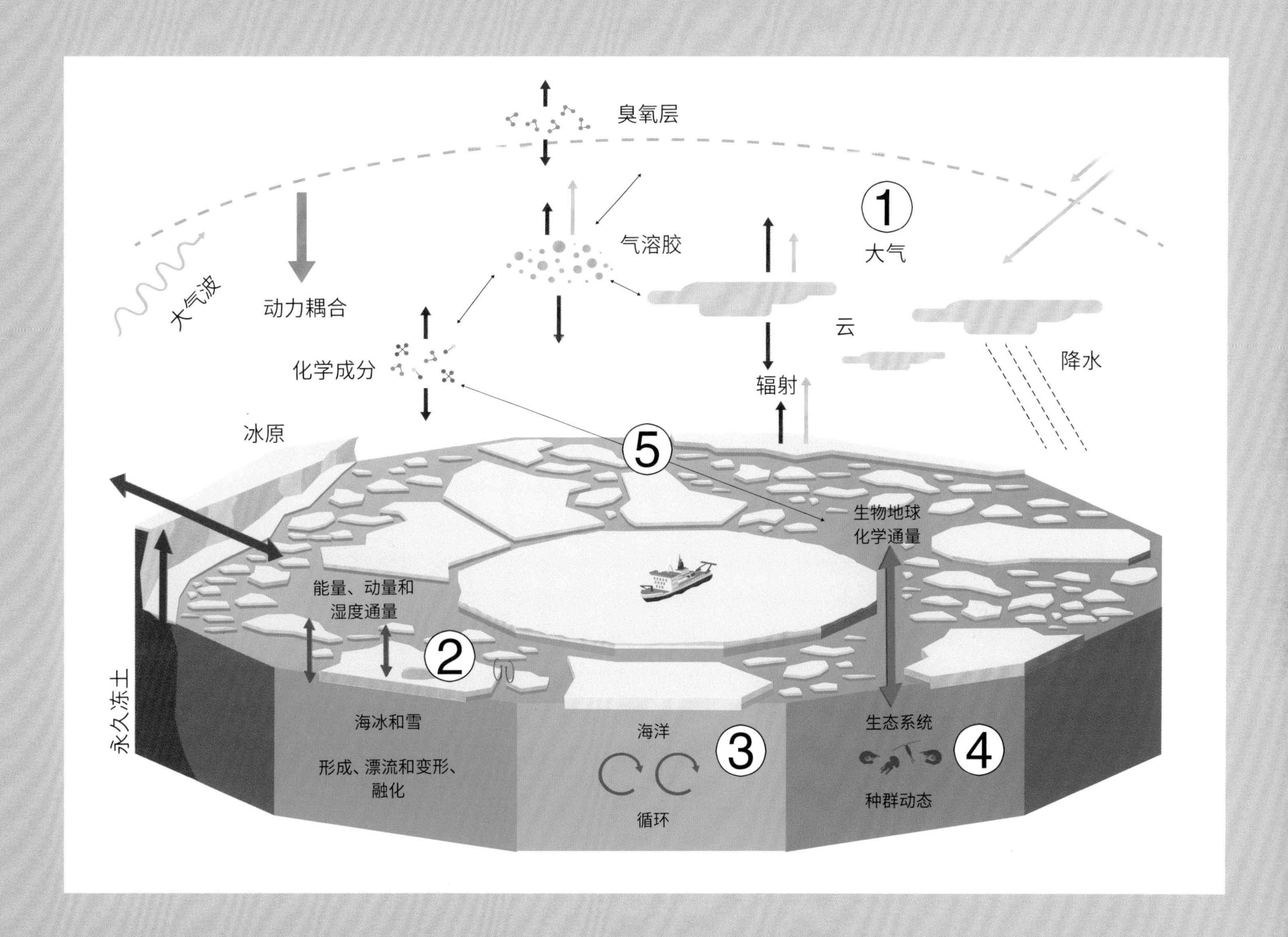

不太大时，配备了多种仪器的“小猪小姐”——一个胖乎乎的红色系留气球，会被研究人员用绳子拴着，然后上升到2千米的高空，以便研究人员在对流层较低处收集数据并将数据传输至地面。对研究人员来说，最有趣的测量工作包括这样的场景：他们派出灵活的无人机追逐云和风，人则站在冰上，手里拿着遥控器。这样的场景对于旁观者来说就像是在一个休闲的下午操纵飞行玩具一样轻松，但事实上，研究人员正在通过这种方法深入了解大气。

在“极星号”的直升机坪上，拥有丰富北极考察经验的尤尔根·格雷泽向北极大气中释放了一个研究用的探空气球。

要了解气候，就必须了解云。但云是转瞬即逝的，因此对科学来说，与云相关的过程仍留有许多未知因素。在气候模型中，云是最大的不确定性因素之一。此次考察队的研究人员对一种云特别感兴趣，即混合相云（mixed-phase clouds）。顾名思义，这种云结合了不同的性质，由冰晶和过冷液态水滴组成。这些云悬浮在中等高度，也正是它们形成降雪。当北冰洋的暴风雪在海冰上方肆虐时，这些看似脆弱的雪花就变成了给未受保护的皮肤带来痛苦的飞射物。对于冰面上的科学家来说，暴风雪的酝酿期意味着在飞旋的雪花和冰晶将能见度降低到零之前，他们必须立即撤退至母船的庇护所。冰冻的降水对北极气候系统也有着巨大的影响：冰面上的雪层就像一层保护膜，将浮冰与寒冷的北极空气隔开。因此，降雪具有防止更多海水结冰的作用。在考察期间，科学家们发现温度计所显示的雪层顶部和底部之间的温度差值高达 7℃（44.6 ℉），这些数值令他们感到惊讶。但由此产生的结果也就不令人惊讶了：有雪的地方，海冰仍然较薄。

然而，当“小猪小姐”的红色轮廓在大气中摇摆时，这颗膨胀的气球正在寻找其他东西：她的探测设备正在寻找气溶胶，它们是悬浮在大气中的微小颗粒。当上升的水蒸气在云层周围凝结时，这些悬浮颗粒构成了云核。气溶胶周围形成的水滴会成长为新的云，而气溶胶的类型决定了云的模样。当有人说“最小的粒子影响最大”时，他们说的可能是气溶胶：人类的头发直径大约是气溶胶的平均粒径的 100 到 1000 倍。尽管如此，人类的眼睛仍然可以分辨出这些微小的悬浮颗粒：它们定期为我们展示地平线上的多彩时刻，例如，当它们散射太阳光谱中可见的蓝 / 红部分时，天空就会在日出和日落时呈现红色。另一方面，交通严重拥堵和工业化的区域上空也经常悬浮着一层气溶胶，它对能见度和人类的健康前景产生了负面影响：悬浮颗粒物集中在城市烟雾中，令大气细颗粒物数量上升。气溶胶可以是自然形成的，它们以海洋溅射喷出的海盐颗粒、沙漠沙尘、火山灰或花粉的形式散落。然而，许多悬浮在大气中的颗粒物是人造的，它们来自工业排放物、工厂烟囱和汽车尾气，通常与温室气体二氧化碳的来源相同。森林火灾也会使气溶胶进入大气层，然而这些火灾有很大一部分也是人为造成的。人类为了获得牧场土地或种植大豆的可耕地而进行纵火游耕，大豆种植反过来又用来喂养工业化国家的大量牲畜。由此产生的烟尘等微粒小到足以穿透人体呼吸系统的防御屏障，深入肺部，攻击呼吸器官和心血管系统。

虽然人们早就知道这些悬浮颗粒物会引发人类疾病，但是对于它们如何影响气候，仍然缺乏足够的研究。研究人员对北极区域气溶胶的来源和成分知之甚少。此次“MOSAiC”考察的初步结果表明，人类活动和森林火灾产生的细粉尘，经由北美和西伯利亚的风携带至北极，也污染了北极的大气。这些颗粒对北极区域的云层——以及对气温有什么影响？事实上还有更多要考虑的内容，因为气溶胶对气候的影响更为复杂。即使没有云层，人为大气污染也会导致地球变冷或进一步变暖，这取决于气溶胶颗粒的类型。例如，烟尘颗粒会吸收阳光，从而加热周围的大气。相反地，燃烧煤或石油所产生的硫化物颗粒，会通过复杂的过程进入大气，然后反射阳光。因此，到目前为止，烟雾首先减缓了人为气候变化——其可能降低高达 0.5℃（0.9 ℉）的大气温度。但这只是暂时掩盖了气候变化的真实结果。如果人类最终采取从根本上不可避免的步骤减少化石燃料的燃烧，进而减少了温室气体的排放，或者通过处理发电站的烟雾来改善亚洲的空气质量（这在欧洲已经取得了很大的成就），那么这种冷却效应可能会结束。

即使在北极，这个花粉和森林火灾都不被视为气溶胶的“本地”来源之处，这里的气溶胶也并非全都来自人类。即使在北极区域，也有植物向空气中释放某种物质从而形成气溶胶的情况。这种物质的名称是二甲基硫。当藻类和其他微生物进行新陈代谢产生的硫化合物被细菌进一步加工时，就会产生这种气体。任何在海滩度假过的人都会对二甲基硫独特的气味感到熟悉：这种气体被海水溅射到空气中，然后作为海洋的气味被人类吸入鼻子。但它最终会产生云吗？如果会的话，那是什么样的云？海洋中的微藻（一类浮游植物）是否不仅产生了供我们呼吸的一半氧气，还通过它们的代谢产物在我们的天气和气候中发挥作用？解答这些基本问题是大气和生物地球化学研究人员在北极的共同工作的重要组成部分。最终，气候系统的复杂代码只能通过团队的努力才能破译。

观测站

冰上笔记

FXR
FXR
AWI
AWI

FXR

科学家们以不同的方式和多样的形式从浮冰中取出冰，例如取走作为研究样本的冰芯，或挖走冰来腾出位置安装科学仪器。生物学家兼生态系统组的组长艾莉森·冯从浮冰上锯下一大块冰，以便在水中发射所谓的“鱼类摄像机”（FishCam）。鱼类摄像机在水深 250 至 350 米处拍下北极鱼类世界的影像，偶尔也拍下其他动物的影像。在考察期间，鱼类摄像机负责提供海洋生物的影像，但有时研究人员必须将它与其他设备一起从冰缝中拯救出来，以免被海洋吞没。

“MOSAiC”考察队的研究小组包括：

大气组

海冰组

海洋组

生态系统组

生物地球化学组

冰站被划分为多个区域，包括：

气象城（气象观测站）

气球镇（探空气球观测站）

ROV 绿洲（ROV 观测站）

海洋城（海洋观测站）

遥感站（遥感观测站）

冰脊堡垒（冰脊观测区）

暗区（暗区观测 / 采样点）[1]

1 括号前为各站点直译名，括号内为中国科考队员工作时对这些站点的称呼。

在像这样的大风天里，科学家迈克尔·安杰洛普洛斯在冰上伸手拿笔，此刻仅仅用笔做记录就成了一项挑战。虽然温度“只有”大约 –17 °C（1.4 °F），阵风却以每秒超过 15 米的速度席卷冰面。尽管如此，队员们还是全力以赴地开展工作。有几天，在冰面上肆虐的北极天气过于糟糕，以至于没有人能离开“极星号”。而在其他的日子里，考察队的男女队员即使在最恶劣的条件下也要冒险外出。

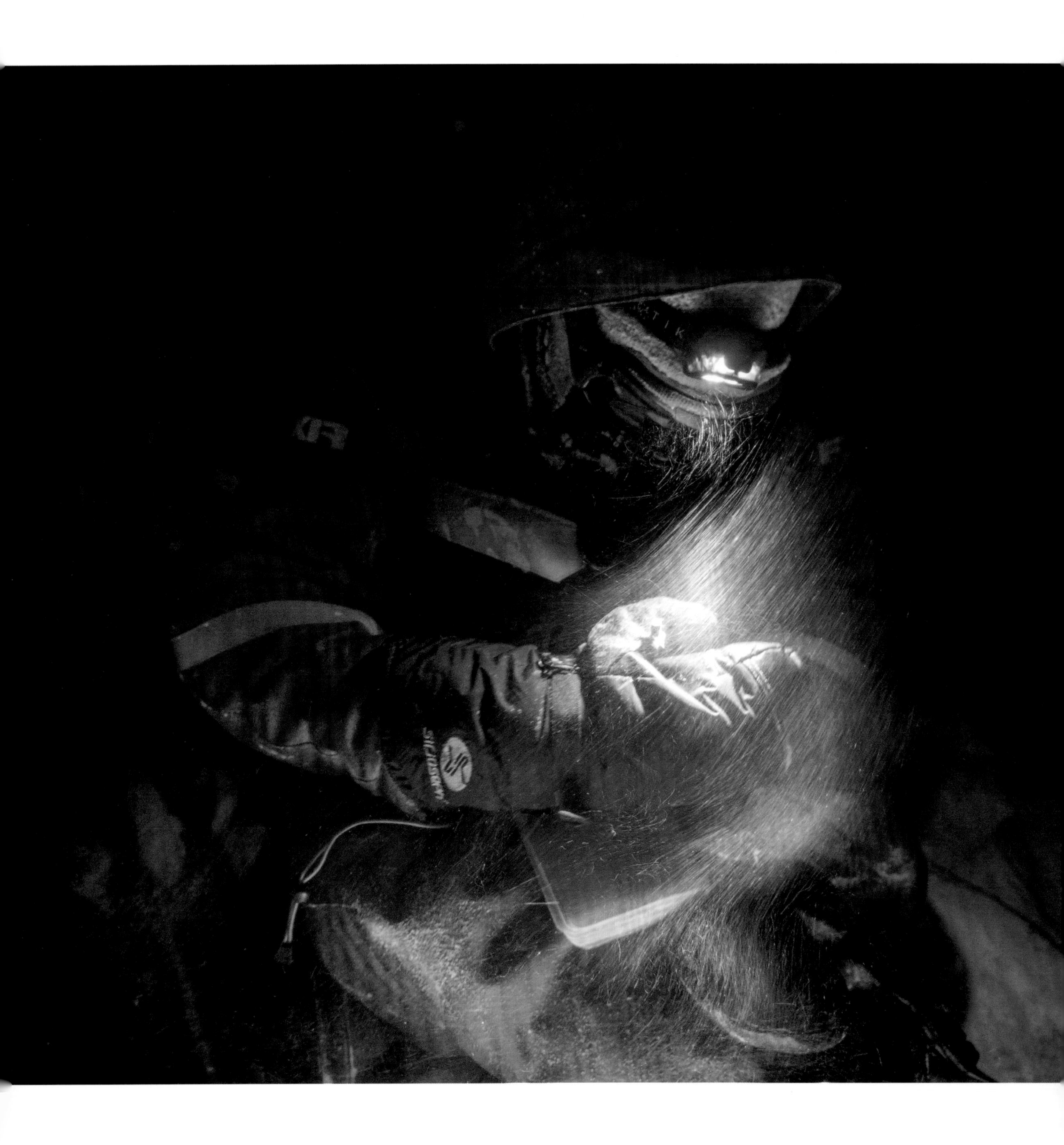

北极气候相当复杂——在“MOSAiC”考察之前，它在北极冬季的组合情况很大程度上是一团巨大的迷雾。

当北极海冰突然裂开，将相对温暖的海洋与寒冷的大气分开的隔绝层被移除时，到底会发生什么？此前几乎没有任何相关的研究，没有人研究当大气和海洋在高达40℃（72 ℉）的极端温差状态下相遇时，其热量和能量的交换情况。海洋和大气之间的交换，例如二氧化碳等气体的交换，是这次考察要探究的主题之一。它对我们的气候有什么影响？云是什么时候形成的，它们具有什么性质，它们如何影响北极气候系统？生物是如何在封闭的冰层下度过极夜的数月黑暗的？当春季到来，浮冰逐渐破裂，生命在几周内再次爆发之后，会发生什么？

研究人员所掌握的北极中部数据主要采自夏季，他们几乎没有全年的数据，因为迄今为止冬季的北极点一直是盲点。在长达一年的漂流中，“MOSAiC”考察队应该能够为这些问题提供答案。船上和冰站中的科学家将测量100多个不同的参数。许多仪器长期被运用于极地研究中，经过了千锤百炼的试验和测试，还有一些测量仪器则是专门为这次考察而制造的，也历经多年的研发。考察队员们在寒冷大风的天气中继续前往冰面，以获取期待已久的数据。一些仪器在数月的运行期间必定要经历抢救回收——从被压缩成冰脊的海冰碎块中或自开阔的海冰裂缝下的深海进行抢救回收。研究人员将日常研究内容记录在一本单独的日志中，供公众阅读——每天的日志里充满着希望、疲惫和进取、绝望和好奇、艰辛、勇气和创造力。

2019年11月2日 在气象城，第二座塔楼搭好了。这根30米高的伸缩式桅杆是由一支6人队伍安装的，他们一根接一根地绞合桅杆，总共组装了27个部分。这是迄今为止最冷的一天，寒风凛冽，气温达到了−40℃（−40 ℉）。这两座塔可以测量地面温度、大气温度、相对空气湿度、风速、水蒸气压、大气气压和二氧化碳。

2019年11月4日 “极星号”边上巨大的浮冰钻孔已几乎准备就绪，研究人员们很快可以开始进行第一次海洋学测量。这项行动需要人力，以及船员与科学家之间的协调工作。在切割完洞口边缘后，起重机将大块海冰移走。我们将最大的多通道CTD仪器[1]经由这一洞口下放到海底约4200米深的位置，以测量海水性质和采集水样。

2019年12月20日 126年前，当南森试图探测水深时，他没有足够长的可触及海底的绳索，因为他从未预料到北冰洋的深度会超过2100米。如今，我们只需要查看“极星号”上的各种监视器就可以知道海底水深的数值，这是由声呐自动记录的。例如，当前我们位于海底上方4415.43米处，该数值即此处水深。这些数据由多波束回声测深仪（multibeam echo sounder）获得，它发出的声音将经过海底反射，再次被测深仪接收。深度是通过计算声波发出和接收的时间差而得出的：声波传播时间越长，水越深。通过识别不同的声音频率，多波束声呐还可以记录水体内发生的事件，因为在水体内的一切事物都会反射声音。

2020年1月16日 在过去的几天里，我们已经搭建了第一

1 CTD仪器指的是温盐深测量仪，用于探测海水温度、盐度和深度等信息。C、T、D分别是电导率（Conductance）、温度（Temperature）和深度（Depth）。

年轻的科学家奥古斯·德米尔从遥感站的一处庇护所向外张望。该区域是微波辐射计和雷达装置等敏感仪器的所在地。它们身上装备了与从太空监测北极海冰的卫星相同的探测器。多亏了卫星对北冰洋大面积区域的测量调查，我们才知道海冰正在大量消退——这是气候变化中最重要，同时也是最令人震惊的发现之一。然而，到目前为止，卫星测量的精度已经达到了极限，其无法进一步测量的部分原因是受到北极区域的积雪影响：新雪的性质不同于老的块状雪，因此覆盖着积雪的海冰表面以各种方式反射卫星发射的微波。这意味着，不同性质的积雪在卫星图像上出现的结果不同。“MOSAiC”考察队在遥感站开展的工作，正是从地面角度对海水进行大规模的测量，以确保获取更高精度的研究结果。其目的是弥补卫星测量的不足之处，在观测中更准确地将积雪覆盖面积、特性和深度等因素考虑进来。

航段迄今为止还未有的研究站点：冰脊观测区，我们称之为“冰脊堡垒”，因为它包含了我们之前建立并称为“堡垒”的部分区域。冰脊堡垒长约 100 米，宽 15 至 20 米，位于“极星号”西北 400 至 500 米处，可通过 ROV 到达。钻孔和取芯结果表明，这里的冰脊没有完全固结，因为它有几处软层和湿洞，而非只有致密冰。在海冰、海洋和生态系统组的共同努力下，研究海冰上、海冰内和海冰下的过程、通量和生物群的仪器已安装完毕，我们将在未来几天介绍这些仪器。

2020 年 1 月 20 日　周日上午，遥感组注意到，放置在冰面上的一台仪器的辐射计馈源喇叭朝向与之前不同。他们立即检查了附近一台相机的照片，该相机每五分钟自动拍照一次。令他们大吃一惊的是，他们发现了喇叭朝向变化的原因：有一张（也是唯一一张）照片显示，午夜后不久，一头北极熊正在遥感站检查仪器。幸运的是，它接近现场时非常小心，只撕开了天线跟踪器的盖子，没有损坏任何其他装置，它也小心地跨过了所有电缆，没有损坏它们。

2020 年 1 月 24 日　昨天早上，我们通过船上的雷达发现“极星号”附近的浮冰出现了细微变形。后勤组出去侦察后带回来消息：沿着浮冰变形处的剪切带形成了一条 50 米宽、1 千米长的冰间水道。这是研究人员期待已久的“事件”：这意味着他们有机会通过新形成的冰和较老的冰测量水气之间的能量和气体通量。研究人员还可以利用此机会研究新形成的冰栖生物群的初始种群。这是一项伟大的跨学科行动，研究人员将在冬季揭开北极中部的秘密。

2020 年 1 月 30 日　我们有一个收集鱼类和浮游动物数据的新浮标了。它通过发出并接收声音信号来探测水体中的这些动物，就像回声探测仪一样。我们把它部署在离船和冰脊堡垒大约几百米远的地方，以避免干扰那里的其他仪器。浮标总重 200 千克，高 2.2 米，因此得名“怪物”！

2020 年 2 月 8 日　1 月底，大气组设法维修了一台表面通量自动测量系统（ASFS），使其恢复运行。它是我们分布浮标网络的站点之一，距离“极星号”40 千米。仅仅几天后，系统不再传输信息，我们只好再次回去进行故障排除。令人惊讶和失望的是，我们发现整个系统有一部分被新挤压出的冰脊吞没，受到严重的破坏。而检修期间由于飞行条件恶化，我们不得不在拆卸站点的探测器或其他部分之前离开现场。希望冰脊不会在我们能够重新抵达和回收它们之前将它们掩埋。

2020 年 2 月 13 日　多年来，我们一直希望收集同一冰层内两种类型的同期数据：直升机机载激光扫描仪（ALS）采得的海冰表面精确地形图和从上面看不见但可以用遥控潜水器（ROV）的多波束声呐（MBS）探测绘制的海冰底部细节图。如今我们终于成功地获得了这一独特的数据集：我们首次收集了浮冰上下两侧的完整三维图像。除了制作漂亮的动画外，这些数据对于理解冰在不同的积雪和冰层厚度条件下是如何生长的，以及冰层表面和底部粗糙度是如何相互关联的都是至关重要的。

2020 年 2 月 17 日　“极星号”被封在浮冰之中，我们被肉眼可见的冰雪包围。但是你知道吗，冰晶也无处不在，它们在我们周围的空气中。不同的大气温度令它们产生了不同的形状：实心盘状、棱柱状或圆柱状、星盘状、针状和树枝状。它们的大小和外观也随湿度的变化而变化。为了观察这些微小的晶体，研究人员需要将它们收集并保存在一种合成物质中以产生印迹，然后才能在显微镜下对它们进行拍照，否则它们会融化。我们对它们的形状感兴趣，因为每种不同形状的冰晶散射光和辐射的方式也不同。

2020 年 2 月 21 日　1894 年的今天，南森在日记里汇报了他们在“前进号”探险期间的浮游动物采样结果，在一张网中“……有各种各样发出强烈磷光的小型甲壳动物和其他动物，当我把网里的东西全倒出来时，这些东西看起来像燃烧后的余烬”。生态系统组今天已经下放并回收了浮游生物网，我们发现了一个神奇的现象，当我们在实验室里过滤浮游生物网中的样本时，*Metridia* 属的桡足类（一类浮游动物）会发出蓝色的光芒。

2020 年 2 月 26 日　上周六是阿尔弗雷德·魏格纳研究所九年来首次在冰下操作 ROV 潜水观测：我们第一次在 ROV 视频流中看到了海豹！这说明至少有一头海豹在冬季漫游于“MOSAiC”浮冰区域，此次视频就是有力的证据！此前的 2 月 4 日，ROV 操作员们发现过一头海豹在 ROV 入水冰洞处呼吸，但一些同事对此

抱持怀疑态度，因为操作员们来不及在海豹消失之前捕捉到它的影像。

2020 年 3 月 9 日　一条长超过 5 千米、宽 500 米的大型冰间水道出现在“极星号”东北部约 1 海里（约 1.85 千米）处。冰间水道对冬季北极的能量平衡和生物地球化学效应非常重要。因此，来自大气和生物地球化学组的六名科学家开始探索接下来的仪器部署方式，并在现场采集一些样本。几个小时后，我们从船上的雷达图像上看到，那条令人印象深刻的冰间水道再次合上了。

2020 年 4 月 16 日　为了预测“极星号”漂流的可能路线，为这次考察活动做准备，研究人员利用卫星数据重建了近年来海冰从“MOSAiC”起点所走的路径。经过大约 180 天的漂流之后，可以肯定地说，到目前为止，“极星号”的漂流路径与研究人员根据原始数据预测的路径基本相符。然而，研究人员将前几年的数据按照时间顺序排列并与今年的数据进行比较后发现，自今年年初以来，海冰的漂流相当直接，先向西，然后向南，没有任何重大的迂回或绕圈。

2020 年 4 月 23 日　从上周三开始，我们经历了一场真正的温度过山车：在接近积雪表面的地方，温度从大约 -30℃（-22 ℉），升高至 -2℃（28.4 ℉）以上，随后降低至大约 -20℃（-4 ℉），最终上升到冰点以上。暖空气的侵入不仅导致科学家们出汗，还导致浮冰上的积雪增多。由于温度经历了低→高→低→高的过程，积雪出现了冻结和融化交替循环的现象，即冻融循环（thaw-freeze cycle）。这些循环会导致积雪中的雪晶生长、冰晶形成。为了观察这些过程里的更多细节，我们在船上使用了计算机断层扫描技术，通过这一方法，我们能够对大量的雪晶有更多深入而美妙的了解。现在，我们很想追踪我们正在生长的晶体们的进一步变化。

2020 年 5 月 1 日　为了观察我们所在的浮冰上不同类型海冰的厚度和积雪深度变化，海冰物理学家定期沿着固定的、横穿浮冰的样线环行。他们在行走的同时拉着一台装有电磁测量装置的雪橇，连续测量海冰总厚度，也就是海冰厚度加上积雪深度。此外，他们每隔一步用配备 GPS 的探雪器测量一次积雪深度。结果很好地显示：虽然在过去几个周和几个月里有降雪和大量飘雪，但是自 10 月份以来，第二年冰的积雪深度平均只增加了 10 厘米，而第一年冰的积雪深度平均增加了 15 厘米。此外，新雪主要堆积在我们所在的浮冰上的各种冰脊附近和冰间水道上。

为了避免船舶排放的气体污染空气，导致测量数据不准确，气象城及其两座气象测量塔和其他仪器都被安置在远离“极星号”的地方。这两座复杂的金属结构装有各种探测器。其中较大的那座塔在搭建完毕后仅仅几周，就被一场风暴刮倒了，庆幸的是，它身上的精密探测器没有受到损坏，这让研究人员们大大松了一口气。从科学的角度来看，这场风暴是此次考察经历的首批亮点之一，因为这也是研究人员能够记录下类似等级风暴对北极气候系统的影响的首次机会。

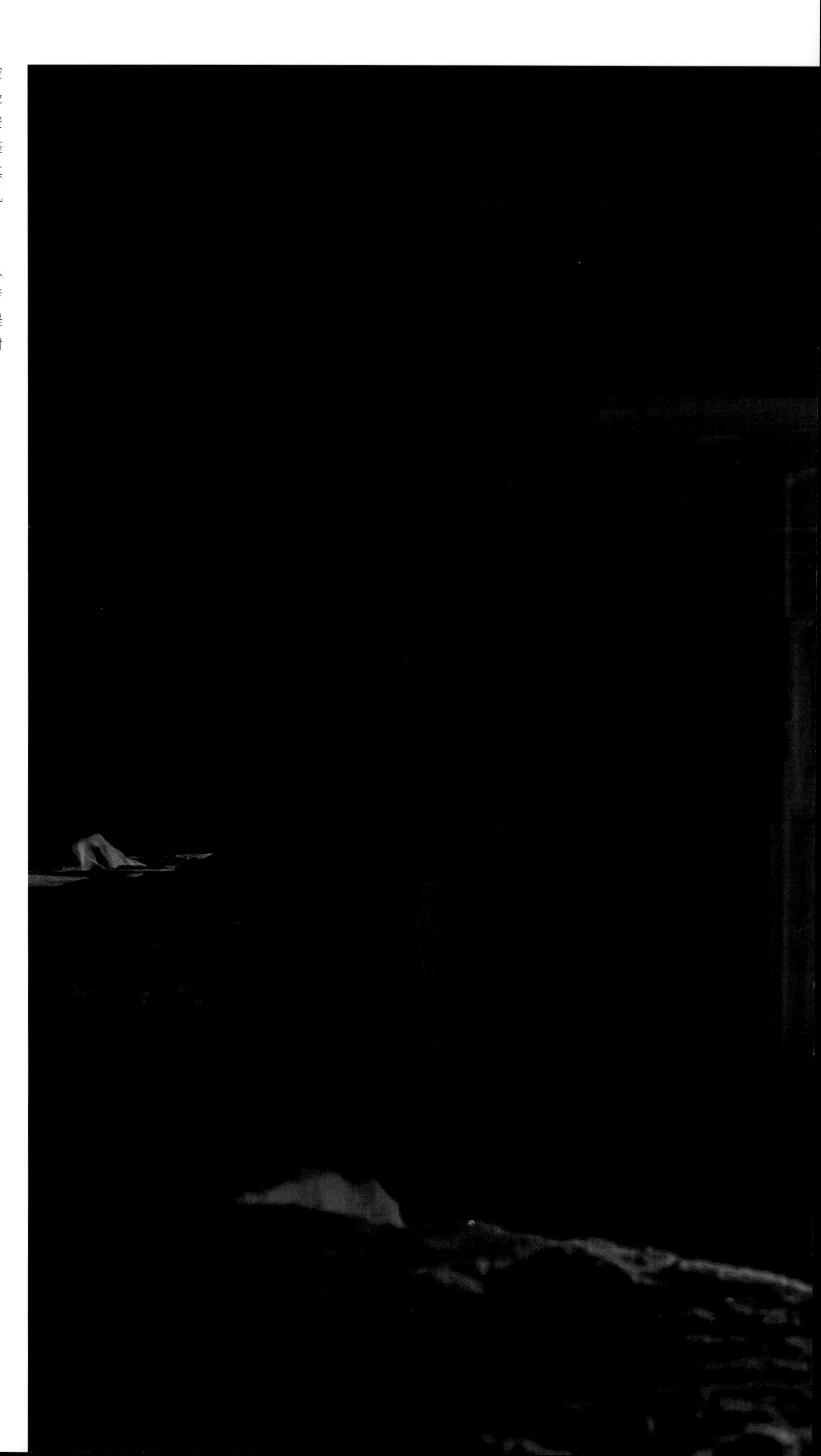

有一天，当大气组的成员们来到气球镇时，他们震惊了：一头熊的爪子在他们两顶鲜橘色的帐篷上扯下了硕大的裂口。然而，此举显然已经满足了这头动物的好奇心，因为帐篷内等待部署的各种形状的系留气球并未受损。一旦天气条件允许，这些装有探测器和其他设备的氦气飞行物将从气球镇升起，随后在不同的高度采集数据。例如，它们会测量风的速度和云的成分，或者捕捉悬浮在空气中的气溶胶颗粒。

欢迎来到海洋城，这里是海洋组、生物地球化学组和生态系统组成员的聚会场所。来自生物地球化学组的博士生玛丽亚·约瑟法·弗杜戈正在一顶帐篷里等待，帐篷里有通向海洋深处的开口：这里放置着多通道 CTD 仪器，研究人员定期通过冰上的一个大洞将仪器下放到海水中。这台海洋测量仪器看起来像一捆气瓶，能记录例如电导率（C）、温度（T）与深度（D）的关系。研究人员还会将多通道 CTD 仪器采得的水样带到水面上，在实验室内进行分析。研究人员会加热帐篷里的空气，如此一来，样本不会一出水面就立即在冰冷的空气中被冻结——这可能是海洋城在冰站如此受欢迎的原因之一。

ROV绿洲的帐篷在搭建后不久，它的外壳就失去了红白相间的颜色，变成了银色。有了银色的隔绝层，即使它出现在月球基地上，也不会让人觉得违和。然而，很快，人们就发现他们为ROV绿洲选择的地点比月球上的任何地方都“更具活力”：研究站的这片区域多次从浮冰上断裂并漂走，因此需要动用直升机进行寻找、营救。帐篷里有一台被称为“野兽”的ROV，可以在冰下进行长时间潜水。尽管这台黄色的水下机器人拥有令人印象深刻的名字，然而它的外观低调，像一个不显眼的盒子。在海底考察时，它的相机所拍摄到的发现令人更加兴奋：海冰的底部是属于北极生物的生存环境。在极夜中期，“野兽”下潜时甚至遇到了水母、海豹和鱼类。“野兽”还携带各种探测器，例如用于绘制海冰底面地图或调查有多少光线可以穿透冰雪进入海洋的探测器。

下：挪威防熊员戈特·赫尔曼森正在操作电锯，他需要在冰上开一个孔，以安装仪器。

右上：雪在海冰的形成过程中起着重要作用，因此在考察期间，研究人员通过各种方式监测积雪的深度和温度。例如，在一次测量过程中，仅一层1厘米深的积雪，其顶部和底部的温差就高达7°C（12.6 °F）。鉴于这些差异，雪的作用并不令人惊讶：厚度大的雪层隔绝了海冰与寒冷的北极空气，这意味着可以结冰的海水会更少，海冰就会更少。因此，积雪会使海冰变薄。

右下：冰层厚度，是北极气候系统的另一个重要因素，在此次考察的许多研究领域中起着关键作用。图中的仪器被称为热敏电阻链：这条链悬挂在三脚架装置上，通过空气、雪和海冰向下进入海洋。它不仅可以测量冰雪的厚度和“正常”温度，还有一个更进一步的功能：研究人员可以基于冰雪导热性的差异，利用这台仪器最低限度地加热冰雪，从而得出关于其他特性的结论。其原因之一在于雪比海冰或海水具有更强的隔绝效果，10 厘米厚的雪的隔绝效果和 1 米厚的海冰一样明显。

POLARSTERN

晴朗的夜晚，当月亮和星星的光照亮四周时，我们可以轻易地看到辽阔的天空。然而，在云雾限制了能见度的夜晚，防熊员奥拉夫·斯滕泽尔需要依靠超现代夜视设备的帮助。防熊组必须在北极熊靠近冰面上的研究人员之前尽早地发现它们，以避免出现北极熊攻击人的事件。

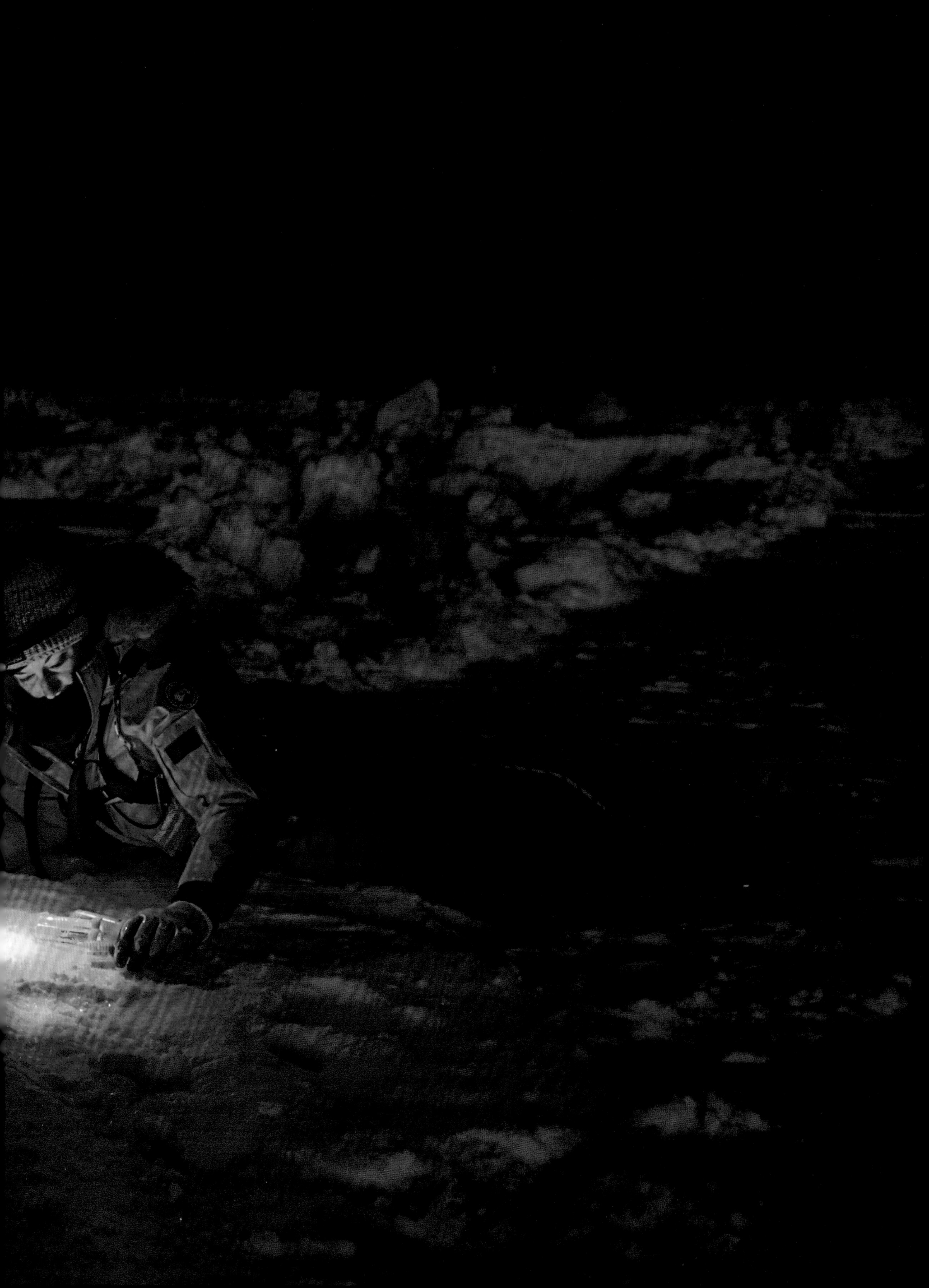

除了担任安全专家外，比埃拉·科尼格还承担了科学工作。在一名同事的协助下，她每周要进行两次抽滤工作，每次用过滤器抽取500升海水。稍后，研究人员将致力于分析抽滤后的样本中是否含有通过风和海流进入北极中部的微塑料。过去的考察活动已经在北极发现了微小的塑料颗粒：微塑料污染是一个由人类引起的环境问题，现在这些微塑料已经到达地球上最偏远的区域。

科学家伊恩·拉斐尔使用传统的方法，也就是手动方法来测量雪的堆积情况。将一根棍子牢牢地插入冰中，就可以很好地监测所需参数。“MOSAiC”考察期间，通过采用多种测量方法监测，并且将结果与早期研究结果进行比较，我们有可能就表征21世纪早期北极气候系统的条件和变化得出可靠和全面的结论。

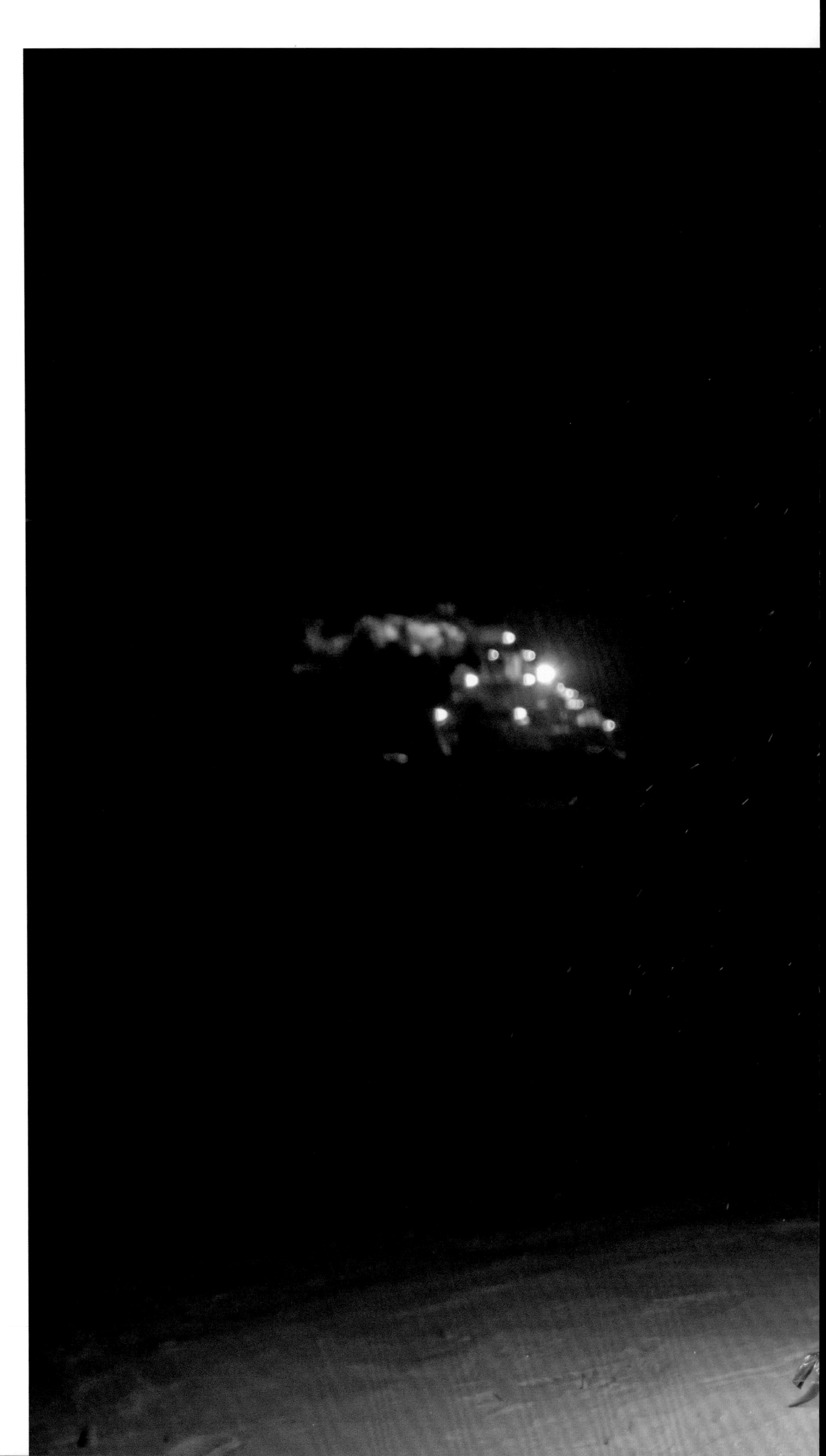

FXR

北极海冰

“冷库”的裂缝

北冰洋上覆盖着一望无际的冰之沙漠。这里、那里，四处都有数米高的冰脊直插云天。破冰船只有通过巨大的努力才能进入这一区域。因此，从我们人类的角度很难想象海冰到底有多脆弱。海冰的外表看似坚不可摧，实为假象。如果我们能从地球的横截面上观察冰雪的模样，我们会看到一层薄薄的纸，在厚度不到 1 米的地方，将 4000 米深的海洋与大气层分开，后者的高空风则位于距冰雪 15000 米以上的地方。然而当前，这一冰雪层出现了越来越多的裂缝。庞大的冰层正在迅速变化——它与气候变化的影响范围远远超出北极。因此，在“MOSAiC”考察期间，科学家们希望首次调查同一片大浮冰上的海冰在一整年中发生的变化。他们还希望仔细调查覆盖在浮冰上的积雪，积雪也起到了将海洋与大气分开的作用，因此它的变化也会影响北极气候系统。

当海洋表面冻结时，就会形成海冰。由于海水的盐度较淡水高，因此海水结冰的情况发生在 -1.8℃（28.76 °F）的时候。起初，海面上只有一层连续的、由几毫米大小的冰晶结合形成的薄膜，几乎看不见。通常在卫星图像上，这一白色薄膜看起来像一张大而无缝的毯子。事实上，北极整体的海冰更像是由数千个单独的浮冰等组成的庞杂马赛克，受海流和风的作用而不断地运动。当海冰融化时，海洋中的水的质量不会增加，因此海冰的消失不会导致海平面上升。然而，海冰对我们星球的气候有着巨大的影响。

海冰在冰冻圈（cryosphere）中占了相当大的比例，冰冻圈是地球上所有冰和雪的各种形式的集合，是地球的“冷库”。就其质量而言，冰冻圈是地球气候系统中的第二大组成部分，仅次于海洋。海冰不断地与大气和海洋相互作用。其浅色表面将大部分的阳光反射回太空。因此，被海冰覆盖的海水表面比大洋上的深色海水表面升温要慢得多。如果全球变暖导致海冰加速融化，那么被反射的太阳辐射将减少。于是，地球表面作为一个整体，其反射能力（也被称为“地表反照率”）将减弱。最后，北冰洋吸收的热量将显著增加。较高的空气温度和海水温度→冰融化→吸收更多的热量——这是一个持续的正反馈现象。由于这一过程在极区尤为明显，因此被称为极地放大效应（polar amplification），这意味着气候变化在北极区域尤为明显。

北极海冰在冬季扩张，在接下来的夏季再次回退，就像心脏在以慢动作模式跳动一样。海冰的面积在 9 月份达到年最低值，这时被它覆盖的表面只有冬季的一半大。然而，除了这种季节性的自然现象以外，北极海冰还出现了一种与全球变暖有关的趋势：自 1979 年以来，科学家们通过观察卫星图像发现，北极海冰的面积正在变得越来越小，尤其是在夏季。这些观测结果令人不安：自 2007 年以来，每年 9 月的海冰面积最小值都比卫星观测最初几十年的数值要小。2012 年，海冰面积缩小到有记录以来的最低水平——340 万平方千米；2019 年 9 月，有记录以来第二次，海冰面积缩小到 400 万平方千米以下。相比之下，在 20 世纪 80 年代初期，9 月份的海冰面积为 700 多万平方千米，在北冰洋覆盖了差不多一个澳大利亚那么大的面积。

仅凭上述观察无法最终判断北极海冰的损失程度。为了计算海冰的总体积，就有必要考虑其厚度，然而该数值往往是高度可变的，有些海冰在水下可以往下延伸几米。此外，海冰上的积雪增加了测量海冰厚度的困难。近几十年来，海冰的面积和厚度都在减少。20 世纪 60 年代，大多数测量点的海冰厚度仍在 3 米左右，而目前的测量结果显示大多数测量点的海冰厚度不到 1 米。

造成这种现象的主要原因之一是如今的海冰已经不像过去那么古老了。科学家们将海冰分成了两类，一类是季节性海冰（一年冰），还有一类是多年冰。后者能存活至少一个夏季，接着在下一个冬季变厚，其寿命通常可以维持 2 到 5 年。多年来，厚厚

冰站的所有仪器、设备和水下机器人所在的站点中，没有一个站点像遥感站那样好似科幻电影里的场景。而与这一场景相匹配的是该站点的功能，它与世界各地的研究机构合作，收集所需数据，以改进欧洲航天局（ESA）和其他空间机构的卫星测量效果，并从更广泛的空间角度对积雪深度、冰层厚度和冰层面积等重要气候变量进行更精确的观测。遥感站上呈现的科幻外星景象，比如那些绿光，主要是为了查明北极海冰正在消退的程度以及发生这种变化的背景原因。

的多年冰的比例一直在急剧下降，现在只占总数的不到一半。如今北极的海冰多为较薄的季节性海冰。现在的冰冻海洋已经与我们从弗里乔夫·南森的笔记中了解到的大不相同。当前风和海流引起的冰面运动要大得多，因此海冰的稳定性要低得多。

日常事务

世界尽头的生活

IMO 8013132

STERN

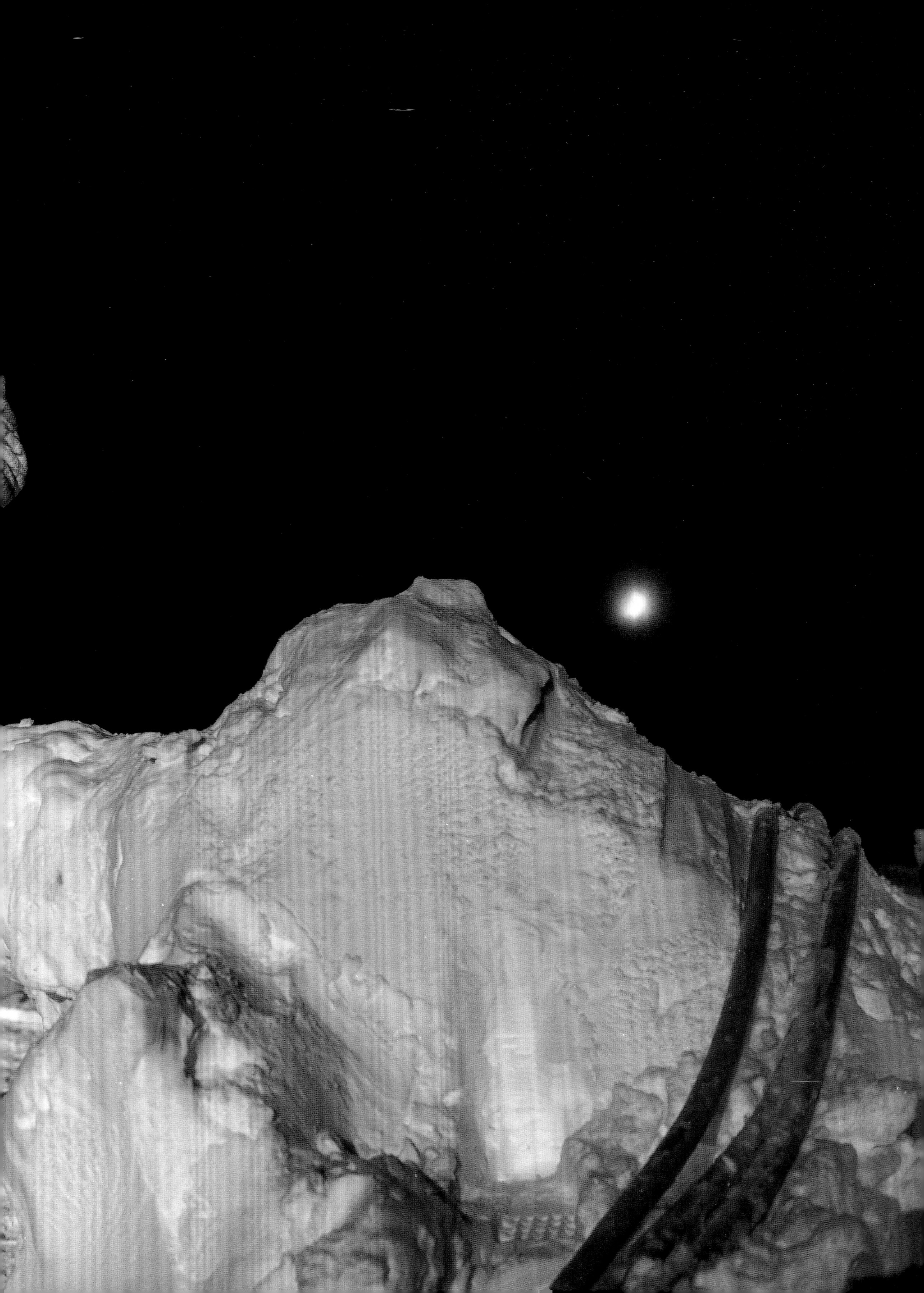

冰站已经搭建起来，工作流程也已经设计完毕，团队的联系变得越来越紧密。考察最开始的几周紧凑而繁忙，之后，队员们开始习惯考察生活，并且越来越懂得如何创造性地利用空闲时间。在船的正前方，考察队员们建起了一个小型娱乐区。在这里，他们甚至可以在探照灯的光线下进行足球比赛——只要有一些防熊员愿意保障球场的安全。特鲁德·霍勒是考察队的全职防熊员之一。晚上，她经常出现在红色交流厅里，编织套头衫和帽子。

在冰上，人们对温暖的渴望可以无限增长。在极端霜冻中做研究，在刺骨寒风中做清理工作，或者消耗数小时在黑暗的地平线寻找北极熊：冰上的工作让人筋疲力尽。但无论冰面上的工作多么艰苦，“极星号”内部温暖的房间总是在等待着结束了一天工作的队员们。

晚上，当船上的人们拉起他们称之为“吊桥”的舷梯时，“极星号”就像安全的冰上城堡，在那里他们可以上交安全装备和来复枪，把北极的危险抛在身后的浮冰上。把自己一层一层地从极地装备中解放出来之后，只有冷风在队员们脸上留下的痕迹能显示出他们目前生活在哪里。

就像一层保护罩，“极星号”将考察队员拉进温暖的舒适区，将他们与外头无情的北极严寒分隔开来。船上有两间餐厅，每天在这里吃上三顿热乎乎的饭时，考察队员们会谈论一天中过去或即将发生的事情。浮冰在哪里裂开了一条新的缝隙？哪台测量仪器产生了惊人的结果？在外作业的同时，船上发生了什么事？明天的计划是什么？每天有好几次，餐厅成为了交换重要信息的中心。船上的食物是家常菜。炖菜、炸土豆或冷盘——这些德国菜的变体可能在40年前“极星号”第一次远征极区时就开始提供了。尤其是在星期四，德国传统中所谓的“海员星期天”，晚餐非常丰盛。船运公司早就为这次考察计划并采购好了充足的食物。举个例子：考察第一天，大约有10000个鸡蛋填满了冷藏库，在未来几周内，它们可以变成煎蛋或蛋糕。大多数考察队员都非常喜欢厨房组提供的食物。与此同时，厨房组一视同仁地接待100个来自不同国家的人，就必然意味着有些饮食习惯差异太大的人要做出妥协。因此，一些人从家里带来了他们最喜欢的食物，这些食物对他们来说不可或缺。

北极中部的休闲时间首先意味着脱离通讯。在这里与朋友和家人交流的机会非常有限。环绕地球运行的卫星并非针对处在北极点附近的一小群人的需要而存在。用Messenger发送电子邮件或短信，哪怕数据量微小，也几乎是一件奢侈的事情。在其他方面，全球网络也已经在这里终结——没有社交媒体，没有新闻，没有流媒体。比起网上冲浪数小时，那些早已被人们忘记的休闲活动进入了考察队员的生活，提醒他们在互联网出现之前的休闲活动本应是什么样的。例如午餐后，考察队员们会举行乒乓球比赛。有些人带来了乐器演奏。在公共休息室，你可以看到研究人员正在编织帽子或在瑜伽垫上锻炼。每天晚上有两个小时，“极星号”周围有一小片冰地可供休闲活动，包括进行足球比赛。晚上的这些时间对于一些仪器来说很重要，它们需要关机休息，因为考察船上没有周末，即使在节假日，仪器也必须工作。对于那些整天站在冰上的人来说，这段自由的时光提供了充电和交友的机会。但学术讨论甚至在下班后也在继续——在走廊里，在餐厅里，在红色交流厅里或在影院的演讲里。

时不时地，这些例行活动会中断，或者至少稍微被打断。在降临节的第一个星期天，船员们热情地用圣诞装饰品来装饰餐厅。饼干、坚果和枣的出现，体现了不同寻常的节日气氛。为了欢度平安夜，考察队的队员们带了很多礼物到船上来。在一顿经典的北德圣诞晚餐——土豆沙拉和烟熏香肠之后，每个人都盛装打扮，其中一些衣服是专门为今晚准备的。船长在蓝色交流厅里发表了同样喜庆的讲话。他说，在北极点附近过圣诞节是一种特殊的情况，

除了必需的设备外，“MOSAiC”考察的参与者们还带上了各种他们在冰上待上4个月时必须陪伴在身边的东西。安东尼娅·伊梅尔兹、比埃拉·科尼格和韦丽娜·莫霍普特（从左到右）正在蓝色交流厅里演奏音乐，练习她们想在圣诞派对上表演的曲目。小型音乐会不仅出现在节假日，也可能出现在下班后，在某个实验室里由研究人员们自发组织。

“极星号”上的社会群体归属感也很特别，若要选择家人的替代者一起过圣诞，那么此刻船上的各位是最好的选择。在圣诞节结束时，他引用了弗里乔夫·南森的一段话，这段话摘录自这位挪威人的日记，描述了125年前他是如何与同伴在浮冰中度过圣诞节的。接着，考察队员们向船员们赠送了小礼物，并且感谢船员们对研究工作的大力支持。

即便是在如此特别的一天，拥有自由时间也不意味着每个人都能闲着。工作总是在这艘船上的某个地方进行。半夜，船内的厨房变成了烘焙间。再往下几层，轮机舱里的船员正在努力工作，维持船上电力、暖气和水的供应。就像甲板上和驾驶室里的船员一样，他们需要24小时轮班工作。铸造舱里，有人正在焊接轨道上的重型锚。C甲板[1]上，六台洗衣机的滚筒正在旋转。医务室里，船上唯一的医生总是处于待命状态，随时可以提供紧急就诊服务。他们都在努力确保“极星号”像一座小镇一样运行，确保这些远离人类聚居世界的科学家能够完全专注于他们的研究。

1 C甲板，也被称为“遮蔽甲板”，通常是指从船首到船尾不间断连接的甲板中的最高层。

穿脱极地装备可能要花费很长的时间。从保暖内衣开始，到安全工作服结束——一层一层的就像洋葱一样。即使在零下两位数的温度环境下，在冰上艰苦工作数小时的考察队员有时也会出汗。几周后，他们中的大多数人都能找到考察期间最佳的着装搭配。

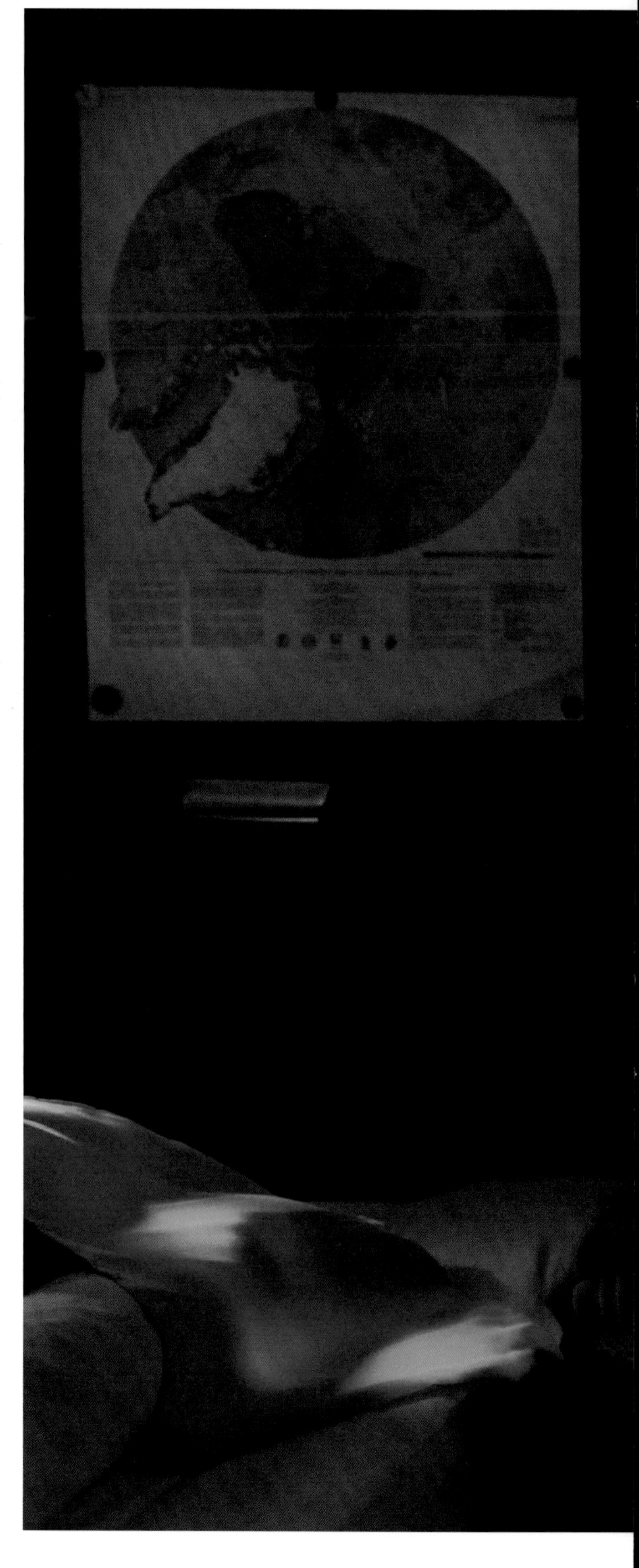

有时，卡斯滕·齐尔根晚上回到船舱后仍继续工作。与考察期间编织的所有手工帽子和袜子不同，他的作品与极地时尚无关。他缝制旗帜来标记船上两架直升机着陆的位置。

水手长塞巴斯蒂安・布鲁克有个爱好，这令一些考察队员非常欣赏：每天，当甲板上的工作结束后，塞巴斯蒂安会利用夜晚的时间在某间舱房里开设他的即兴造型沙龙。他可以肯定，大约一个月后，顾客会开始陆续出现。沙龙里的理发服务是免费的，只需提前预约。

如果不能快速地在网上订购道具服，你会怎么参加一场万圣节派对呢？罗尼·恩格尔曼能够找到即兴扮演《星球大战》中的人形机器人 C-3PO 的服装。不过他的研究也像他的道具服装一样具有未来科技感：他用一束叫作“激光雷达”的绿色激光束，测量高度在 20 千米以上的气溶胶颗粒和云层。

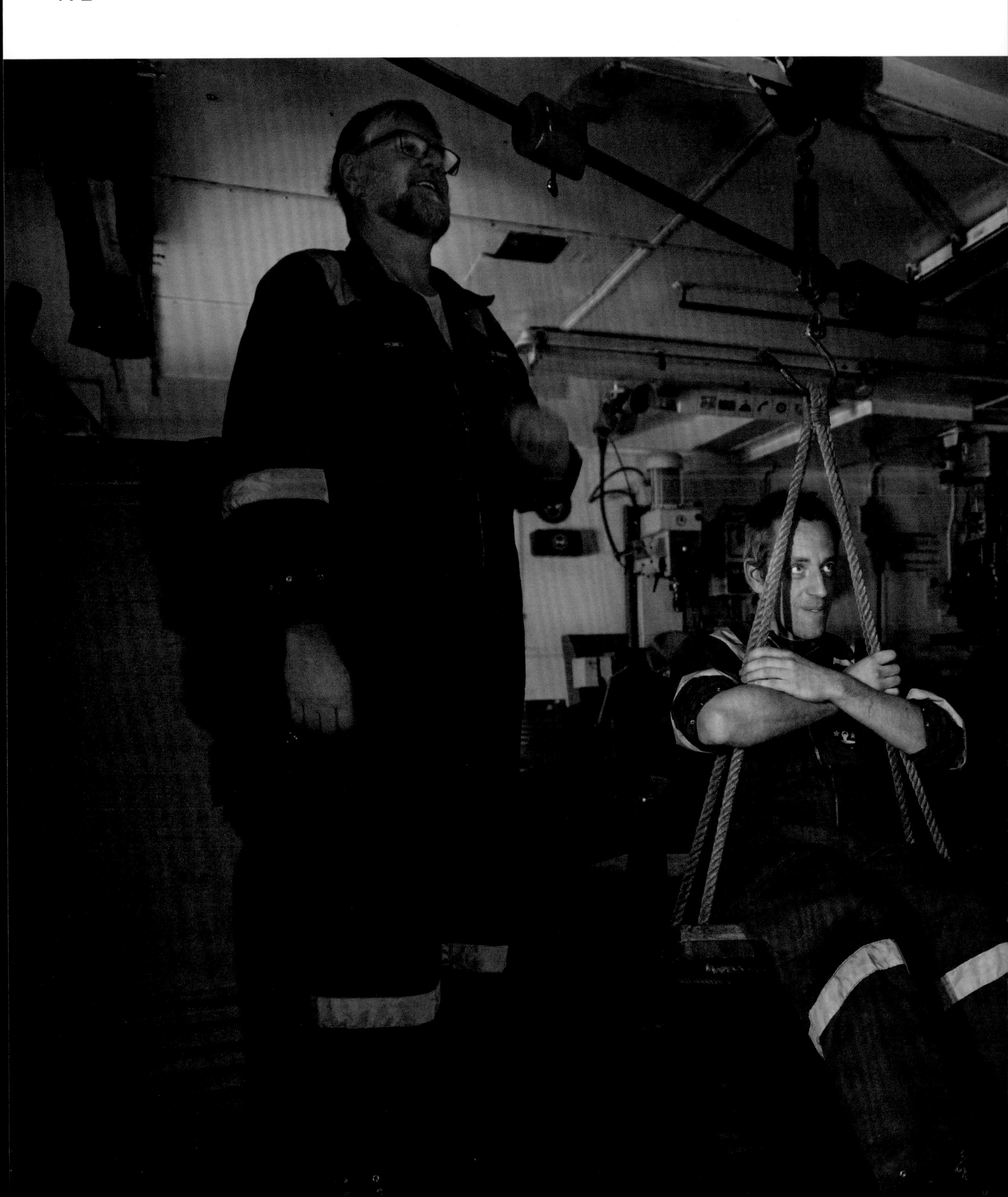

星期天，考察队和船员们在舱房聚会，参加“极星号”的一项传统活动：重量观察者俱乐部。每个人在跳上磅秤之前猜测自己的体重相比于一周前是减轻了还是增加了，抑或是保持不变。猜错的人要付50美分，共同凑成一笔钱。考察结束后，这笔钱会被捐赠给一项公益事业。

玛伦·扎恩每天凌晨 3:45 起床，在厨房里烤面包卷，并与厨房组的其他成员一起准备早餐。有时，她会利用早晨安静的时间制作一份蛋糕，这份蛋糕经常出现在星期四的菜单上：在海上，每星期四被称为“海员的星期天”，因为依据德国的传统，人们会在这一天吃一顿特别丰盛的大餐。

Die Hansa in Noth.

adidas

2019
2020

北极生态系统

冰层以下的生命

北极熊是北极这一世界上最极端区域之一的无可争议的统治者，它是北极的无冕之王，也是冰站的常客。它完全适应了周围的环境，白色的皮毛下有黑色的皮肤，可以吸收阳光，在寒冷中保持温暖。虽然它的学名“*Ursus maritimus*”更多地指示其为海熊而不是冰熊，但是这一拉丁文名没有揭示出这种动物尽管是游泳健将，但在很大程度上依然依赖冰。海冰的缺失会危及北极熊的性命。因此，北极熊的种群状态已经成为威胁生命的气候变化程度的象征性指标。全球变暖把这一捕食者赖以生存的环境基础——熊掌下的海冰融化了，而受到影响的不仅仅是熊。虽然北极熊可能是北极区域最著名的居民，但它绝非唯一的受害者。生活在海冰周围——冰上、冰下和冰内的北极生命，其生活受海冰的影响，海冰的融化和冻结周期决定了它们的生活节奏。因为即使是在海冰内横穿海冰的小型极咸卤水通道，也是微生物的家园，这些微生物能够适应这种极端环境。利用冰和水的样本以及水下摄像机和声学设备，考察队开始在考察期间研究北极生物的多样性和活动性。考察队有一长串的问题要回答：在极夜的几个月，没有一缕阳光出现时，生物体如何在漫长、漆黑的冬季生存？这其中是否有部分生物甚至利用月亮的光来进行微小的新陈代谢过程？当春季光线恢复时，生态系统究竟会发生什么变化？北极的生命与每年的海冰融化和冻结循环是如何相互作用的？随着北极海冰的消失和温度的升高，环境的急剧变化会产生什么影响？

从大到小，极地生命形成了一张精致的食物网；这是一张体现北冰洋原住民之间的依赖关系的密集网络。海豹即使在极夜也会去捕鱼，而它们本身则是北极熊的首选食物。北极狐和海鸟穿越冰漠。一角鲸猎食北极鳕，北极鳕与极地海区的许多鳕鱼一样，体内有一种天然防冻剂，可以防止它们的血液在冰冷的海洋里凝固。北极鳕的这一适应性特征，是体现特定生命形式的最佳例子之一，这种生命形式不是远离冰，而是与冰共存。它们也很聪明：这些生活在极端环境的鱼类不仅在幼年时利用冰底的小孔和空洞作为藏身之地，而且还可能钻入进入西伯利亚离岸海域的海冰中，将海冰作为交通工具，让跨极海流带着它们穿越北冰洋，直到弗拉姆海峡。

北极鳕和弓头鲸等海洋哺乳动物共享其最喜爱的食物。弓头鲸以滤食的方式进食含有浮游动物的水体：这是一个由形状奇特的最微小动物组成的世界，包括桡足类等甲壳类动物，或翼足类动物，例如美丽而带“翅”的、俗称“海天使”的海蛞蝓 *Clione limacina*。浮游动物又以北极食物网的基础——微藻为食。太阳为这场盛宴揭幕。当漫长的极夜过去，第一缕阳光穿过冰雪之原时，一道生命的火花在海冰和海洋中点燃，藻类开始在这个霜冻世界中生长。即使是最微弱的辉光也能唤醒冰内和冰底卤水通道中的冰藻，比如微型硅藻。冰藻是北极生命的主要营养来源之一。当海冰最终融化，且太阳升得更高时，越来越多的光更深入地渗透到海洋水体内，以同样的方法唤醒了水体内的浮游植物。单细胞藻类漂浮在水中，它们是海洋食物网非常重要的基础。当阳光进入水体时，微藻开始吸收用于进行光合作用的物质，首先是二氧化碳，它们对其进行处理然后生长。这些微藻消耗的二氧化碳量可不小：多亏了浮游植物活跃的光合作用，海洋能够吸收大量的二氧化碳，同时释放氧气供我们呼吸。这些微小的藻类在我们星球的碳循环和沉碳入海过程中起了主要作用。春季和夏季，当冰上的融池呈现明亮的绿松石色时，融池里的北极藻类五光十色，场面壮丽。当桡足类和其他微小的海洋浮游动物埋头大快朵颐，摄食这些大量增殖的藻类时，北极鱼类的阴影会笼罩在这些微小生物的身上——此刻，所有北极生物都参与到这场极昼阳光下的丰富盛宴中来了。

ROV“野兽”采集的浮游动物样本，正在 ROV 绿洲等待研究人员的分析。

从长远角度看，受到海冰消失的影响，冰藻和所有依赖冰藻生存的动物前景黯淡。浮游植物则可能是另一种情况。近年来，由于海冰变薄及融池穿透，冰下的极端藻华现象可能变得更加频繁。而这种情况正发生在自 1950 年以来，全球大多数其他海洋的浮游植物量平均下降了 40% 的背景下——如果考虑到大气中一半以上的氧气不是来自陆地上的植物，而是来自海洋浮游植物的话，浮游植物量下降 40% 是一项惊人的变化。我们每呼吸两次，就有一次是由海洋提供氧气的。但是，对于北极脆弱的生态系统和气候系统来说，藻类的大量繁殖意味着什么呢？浮游动物会从水体中丰富的食物里获益？还是这一气候变化的结果会干扰冰藻藻华和动物生命的相互作用？生态系统组在“MOSAiC”项目考察期间利用“极星号”的漂流能够准确地探索全球变暖如何在一个完整的年度周期内影响脆弱的北极食物网和北极居民。

生物地球化学组的研究

寻找踪迹

另一个研究小组也对北极的藻类和微生物感兴趣——或者更确切地说是对它们产生的东西感兴趣。通过排放气体，其中一些微生物对气候系统产生了深远的影响。它们甚至可以共同负责云的形成。生物地球化学组调查类似的相互作用，因此该组在建立考察队其他研究领域之间的联系上扮演了重要的角色。海洋和大气之间存在着不间断的交换现象：与气候有关的气体，如二氧化碳和其他所谓的痕量气体[1]，如对环境有害的卤素[2]，从空气中转移到海水里，反之亦然。全球变暖令海冰减少，也因此使海洋和大气之间的接触越来越频繁和广泛。当然了，这也反过来改变了海洋和大气之间的气体交换。研究人员必须观察和理解这些过程，以便将它们整合进气候模型中。

海洋中的浮游植物使大气富含氧气。但藻类也以其他方式影响海洋气体的生产。藻类在代谢过程中释放出化合物二甲基磺酰丙酸盐（DMSP）作为代谢产物。这种分子随后被海洋微生物进一步分解成二甲基硫（DMS），DMS是一种硫化合物，典型的海洋气味就是由它产生的。至于接下来会发生什么，仍然是科学讨论的主题。当海冰覆盖水面时，这种气体可能仍被困在北冰洋中；然而，如果没有海冰覆盖，它就会上升到大气中。在这里，DMS的作用类似于气溶胶，也就是说，它就像悬浮在空气中的颗粒：水蒸气在其表面凝结，形成一团云。如果气候变化导致更多产DMS的藻类生长，那么它们可能会产生更多的云，进而影响北极气候系统。这就引出了许多问题，包括：藻类会影响气候吗？

生物地球化学组的研究人员正在寻找类似问题的答案。他们采集水和冰的样本，带到“极星号”上的实验室里，并分析它们的气体成分。同样地，研究小组也在以此方法追踪另一种特别有影响力的温室气体：甲烷。这种气体对气候的危害大约是二氧化碳的25到30倍。它可能导致气候系统发生严重的变化，因此被认为是一种可以打破全球气候平衡的化合物——但在过去的气候模型中，研究人员没有充分考虑它的存在效应。

关于甲烷，北极的研究人员面临着复杂的局面。甲烷最丰富的来源是北部高纬度区域（例如西伯利亚和加拿大）的湿地和永久冻土。由于全球变暖，这些区域的解冻现象正在向深处侵入——因此，埋于地下的动植物残骸也在解冻，并被微生物分解。分解的结果是释放出大量的温室气体，包括甲烷。一些甲烷直接进入大气。另一方面，另一些甲烷通过河流，如西伯利亚的大型河流，被输送到北冰洋。甲烷溶解在海水中，然后被带到更远的地方——或者在海水结冰时被密封在冰中。“MOSAiC”考察队的研究人员正在追踪这类甲烷的踪迹，他们也从西伯利亚海岸随着海冰漂流到北极中部。多亏了他们在长达数月的旅程中记录的数据，他们可以更好地了解这种破坏气候的气体有多少残留在海洋或海冰中，有多少被生活在海洋或海冰中的生物体消耗，以及最终有多少上升到大气中——后者的数据由大气组收集。当“极星号”、北极生物和甲烷等影响气候变化的气体随海冰一起漂流时，船上不同的研究小组获得了独特的机会来共同研究和讨论这些多样且相互关联的过程，以更好地了解北极和全球气候系统的复杂性。

---

1 大气中含量极少的气体组成成分。例如大气中的一氧化碳、一氧化氮、臭氧、硫化氢等都属于痕量气体。

2 即卤族元素——周期系ⅦA族元素，例如氯、氟。

上：研究小组使用冰钻取出大量测量所需的冰芯。为此，一群人经常乘坐雪地摩托前往所谓的暗区。在这里，队员只能使用红光代替耀眼的白色人造光，这样北极生物就不会在极夜的黑暗中受到干扰。回到“极星号”上，队员将一些被钻取的冰芯以冷冻状态存放以便进行物理观测。其他冰芯则被切割、解冻，用于研究藻类等特定生物，或是研究甲烷和其他气体。

下：随后，研究小组在实验室里检查冰芯的温度（左），或在冰芯解冻后进行各种分析（右），例如调查冰芯中所含营养物质或各种生物。实验室里的这些研究也是在红光下进行的，避免给生物带来人为的刺激。

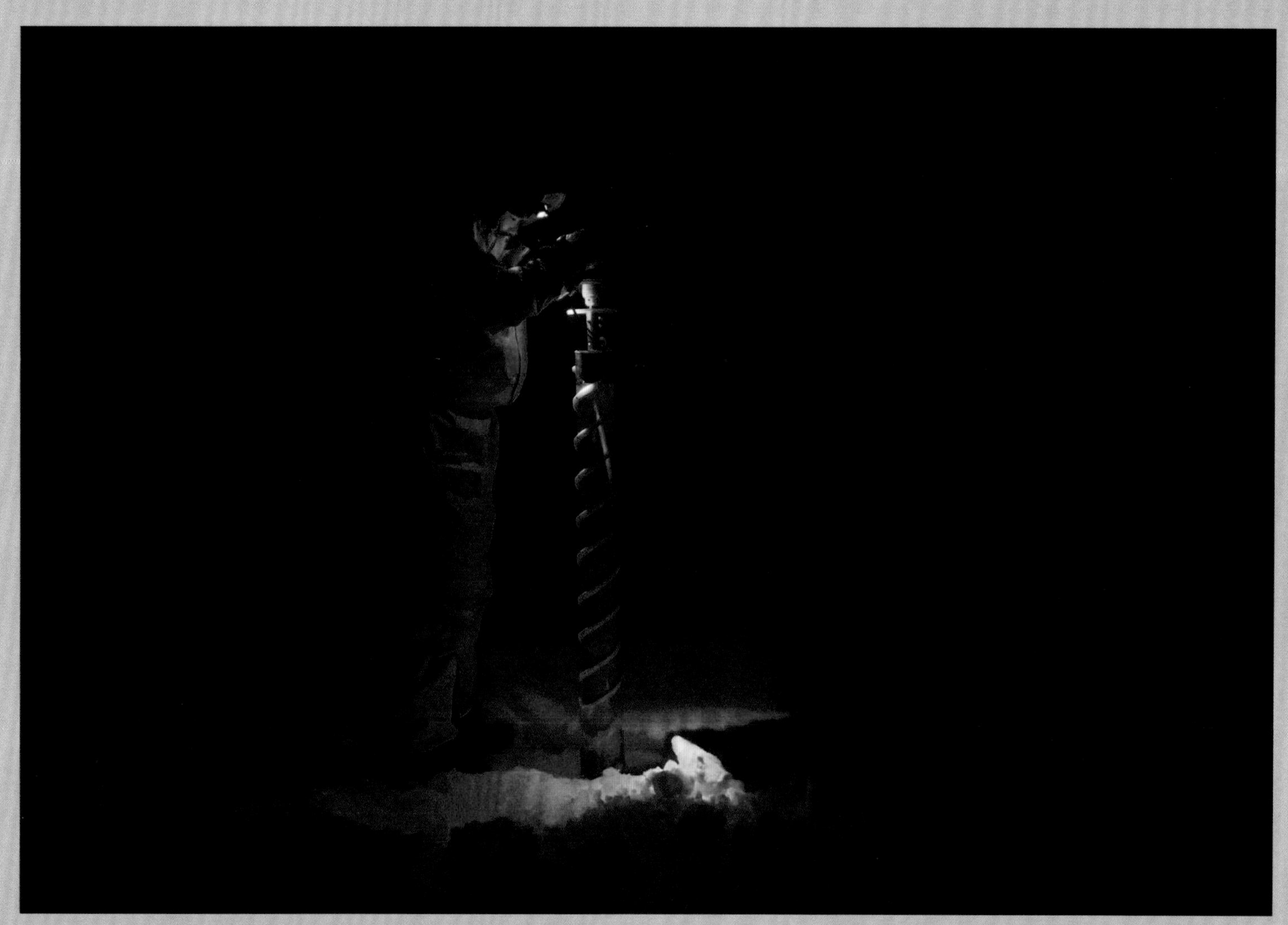

越冬

全天 24 小时在黑暗中工作

在漆黑的极夜中，考察船和考察队员看起来就像是太空船和宇航员。人们被生存服和保暖装备包裹，与此同时，“极星号”被三盏强大的探照灯所笼罩。在它们的光束中，冰呈现出最奇异的形状。有时，这个充满敌意的世界的真正统治者——北极熊也会出现。无论是船上的探照灯还是头灯，都只能通过有限的光锥照亮冰面。

当一个为了御寒而裹满衣物以致无法辨认的人进入有灯光的工作现场时，那些在冰上的人往往不得不问一句“你是谁”，来识别他们面前的人。

夜（Night、Nacht、nat、nuit、notte、ночь、yö、natt、nacht、noc、밤、natt）

参与这次考察的人来自世界各地，因此他们在提及 11 月中旬定居于冰站上所要经历的长久黑暗时，用了不同的名称。带着尊重和科学好奇心，他们用自己的语言欢迎极夜。他们意识到，在北极的冬季，他们将遇到我们星球上迄今为止几乎没有被调查过的一面。

在漫长的六个月里，极夜将北极点紧紧地攥在冰冷的手中。一旦太阳消失在地平线以下，暮色也会在每天退得更远，最终在天空中留下动人心弦的红色魅影。暮光的变化会经历多个阶段，首先是民用暮光（civil twilight）：太阳隐藏在地平线以下 0°至 6°的地方。在甲板上阅读仍然可以不用开灯。在随后的航海暮光（nautical twilight）中，太阳下沉到地平线以下 6°到 12°之间，但地平线仍然清晰可见。最后，天文暮光（astronomical twilight）降临。太阳在地平线下 12°到 18°之间，不再与天空中明亮的星星攀比光亮。最后，到 11 月中旬，暮色不再出现在地平线上，直到 1 月底才回到北极点附近。地球上其他地方的夜晚永远不会是绝对黑暗的，但北极点及其周边与这些地方不同，如果天空多云，极夜会让这里陷入毫不妥协的黑暗之中。此时，“MOSAiC”考察队可感知的世界缩小为一个有限的小世界，它由“极星号”强大的探照灯创造，船只和浮冰就沐浴在其闪亮的光锥中。

然而，北极中部上空不时有另一颗天体带来光明：月球。于是，海冰反射银色和灰色的月光，同时，这颗地球卫星的引力使冰移动。这种情况往往是先出现突然的破碎和崩裂声，随后是砰砰声和分裂声，甚至尖叫声和呻吟声。就在刚才看似坚实的冰面静止的地方，几分钟内就出现了裂缝，然后浮冰破裂并漂流开来。在其他地方，满月的力量将大量的冰推到一起，形成庞大的、数米高的压缩冰脊。这些冰雷声在黑暗中持续数分钟，拖拽和推动“极星号”的船体，使船发出嗡嗡声。随后，北极再次陷入冰冷的沉默——研究人员将看到一个由自然力重塑的世界。在这样的夜晚和风暴之后，通常有必要清理冰站：从冰脊上抢救电源电缆，或者重新安置断裂和漂流的部分站点。特别是在极夜的开始和结束时，情况更糟糕些。浮冰的很大部分断裂开来，整片区域漂流而去。然后，只有通过皮划艇或直升机才能到达 ROV 绿洲之类的站点，以便将设备和防护帐篷转移到新的、更稳定的位置。

尽管面临种种挑战，许多考察队员还是爱上了北极夜晚的景色。在黑暗中，人造光源发出强烈而明亮的光。在这个没有光的世界，颜色成为罕见的珍品。冰上作业的人们所戴头灯发出的光束令他们获得了有限的视野，为他们的冰上活动划定了范围，他们身上的保暖工作服在同事的头灯照射下映出红色的光。在冰上度过的每一段时间都是挑战，极端温度下必须用护目镜罩住眼睛，这样它们和周围的皮肤就不会暴露在风寒和冻伤的危险中——身体的其他部分也是如此，必须对它们进行保护，以抵御外部寒冷，但穿着这么多层衣物进行艰苦工作，最终还是会出汗。

黑暗不仅对外部世界有强大的影响，而且对人类访客的内心生活也有深远的作用。在冬季，考察队中的许多人都能感觉到人类有机体对光的依赖程度。极夜常常导致人体生物节律混乱、疲劳和缺乏能量。相反，“极星号”上的一些乘客一躺在铺位上就开始失眠。在太阳消失的几周时间里，考察队员阅读最多的恐怕是弗里乔夫·南森在“前进号”远征的漫长日夜中撰写的日志，其英文版标题为 *Farthest North*[1]。补充维生素 D，在健身房或“极星号”游泳池里进行高强度的运动，以及使用日光灯，可以抵消队员们受到的极夜带来的影响。然而，最重要的是巧克力，巧克力是许多考察队员在对抗极夜抑郁时服用的良药。在单调的黑暗中，用餐时间为迷失的时刻表标定了急需的方向。当生物节律失效时，厨房组是可靠的依赖对象，他们会以精确的规律宣布中午的到来。在船上，人体生物钟不再依据灯光滴答作响，但它会定时提醒你用餐。

冬季的温度还会令安装好的测量仪器达到工作极限。狂风带来的寒冷甚至会导致考察队员最有把握的探测器结冰，分布浮标网络中的几个浮标也会成为寒冷的牺牲品。在寒冷的空气中，一些被认为是柔性的材料，例如塑料，会被一分为二。要使设备再次运行，需要大量即兴创造的聪明才智。然而，归根结底，即使是极夜的恶劣天气也无法阻止这些仪器设备将过去北极冬季的谜团和未知转换成可处理的数据。连续不断的前瞻性见解流入研究人员的数据库。即使在黑暗的几个月里，所有努力都得到了回报，考察队收获了丰富而新鲜的知识果实，这将有助于人类更好地了解北极和全球气候系统。

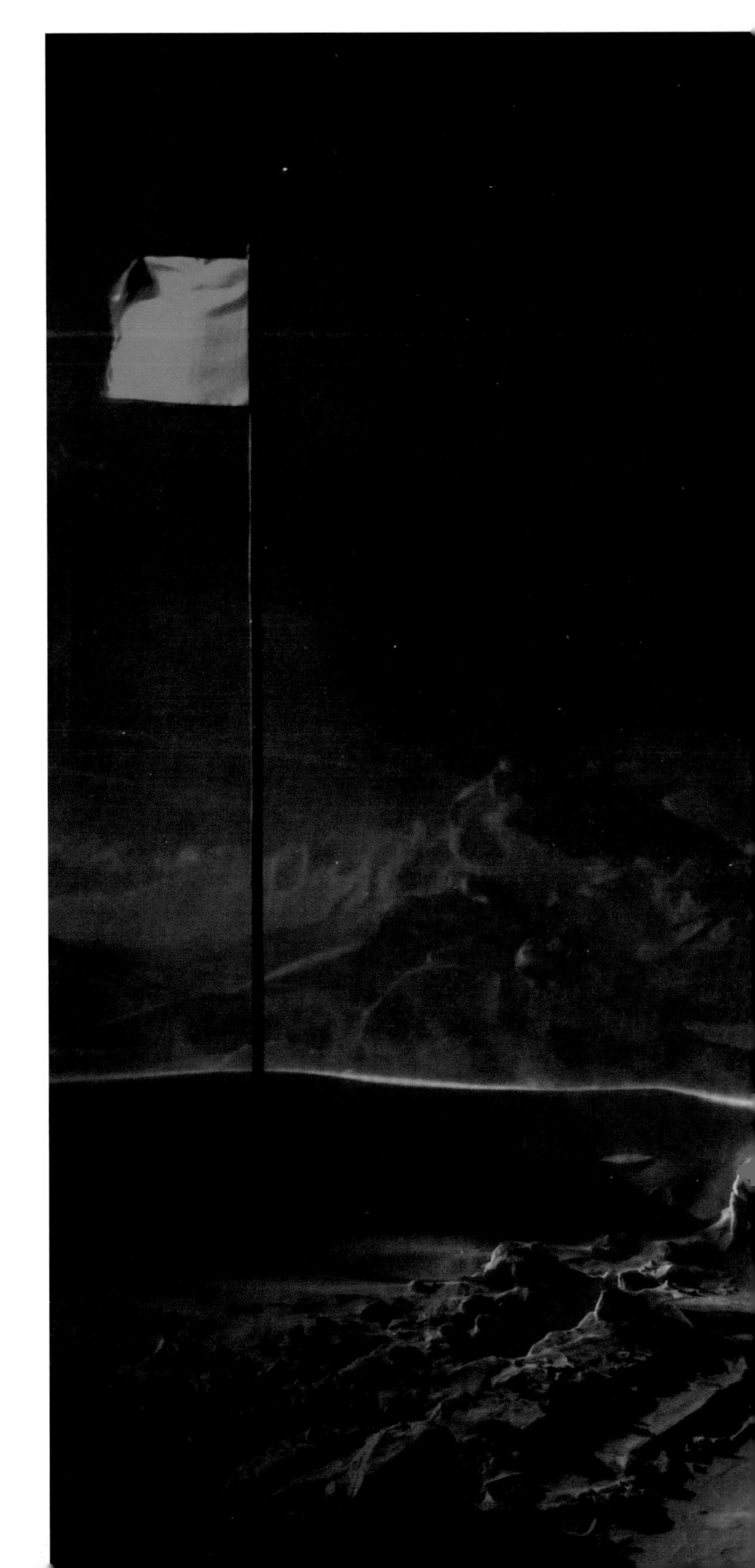

1 即第 70 页提到的《极北之旅》。

“在极夜，我们清楚地意识到，我们在北极的广阔区域中只是非常、非常小的一个点。”

——斯蒂芬·施瓦兹船长

11 月中旬，一场猛烈的风暴第一次给考察带来了惊喜。这对研究人员们来说是第一个亮点，因为他们此前从未有机会全面地观察风暴影响下的北极气候系统。自然力使冰移动。要安全地穿越风暴所形成的冰脊需要运用创新性的方法：在新堆积的冰雪上行走。每一步都有踏入未知世界的风险。实践证明，木制南森雪橇可以充当可靠的临时桥梁。

考察期间实行严格的安全管理制度。没有武装防熊员的陪同，任何人都不可以在冰上逗留。防熊员携带信号枪，信号枪的照明弹具有极强的穿透力和亮度，能够可靠地赶走北极熊。除此之外，他们还携带装有子弹的枪支。只有当人员的生命处于危险之中时，防熊员才有可能向动物开枪。奥拉夫·斯滕泽尔检查了“极星号”上戒备森严的军械库里的来复枪，确保枪支功能完备。斯滕泽尔来自不来梅港，拥有数十年的从警经验，这些经验在北极恶劣的环境中十分宝贵。

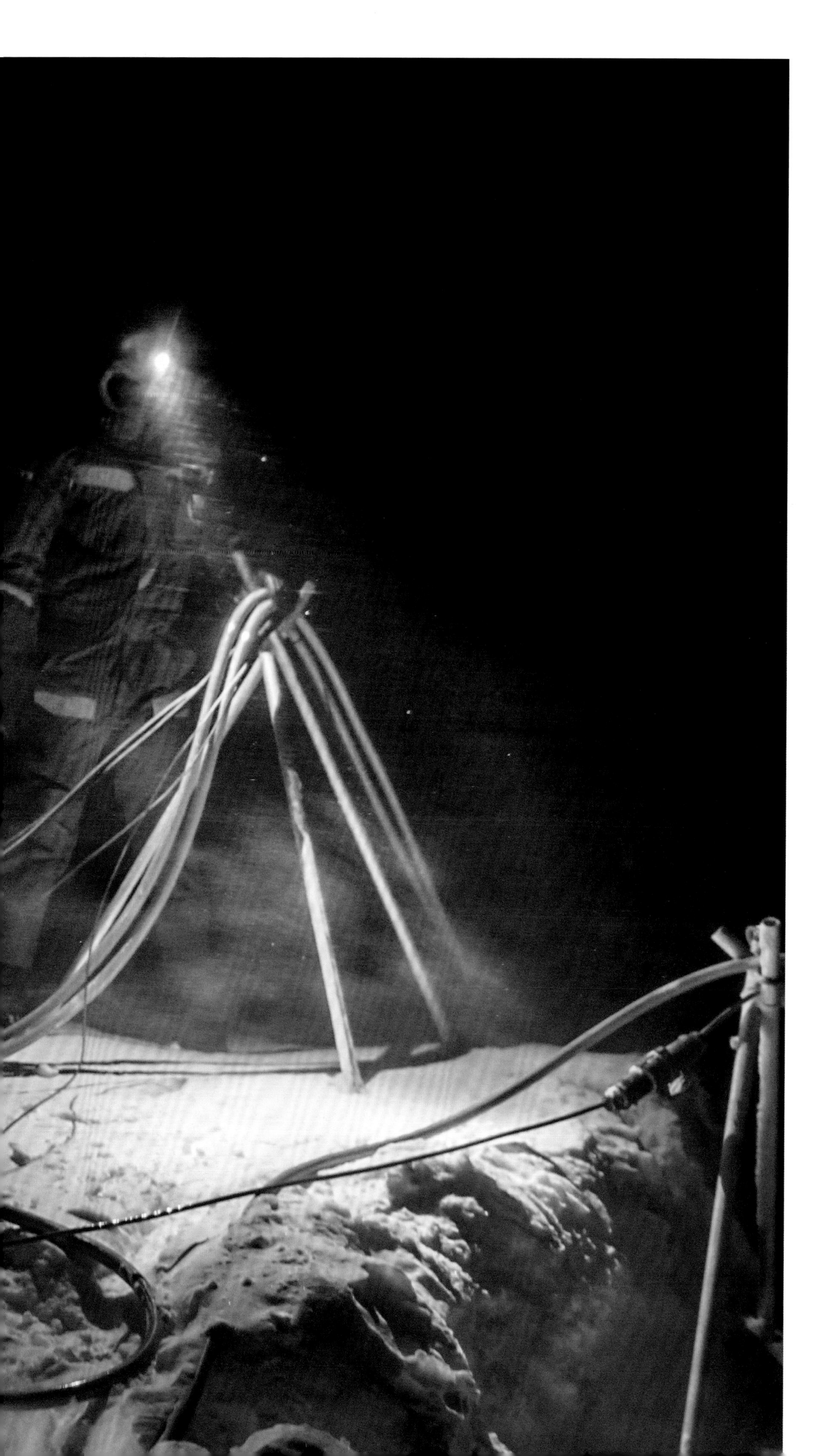

今天，“极星号”和冰站上的风速超过了每小时100千米。如此暴风雪中的能见度接近于零。然而，抢救组需要反复出动，从自然力中拯救此前辛苦安装的设备。韦丽娜·莫霍普特（左）和奥登·索尔森正在切断一根电缆，避免浮冰在夺走电缆的同时夺走与电缆相连的珍贵仪器。如果有替换电缆的话，最快也要由下一班轮换的团队带来。

一条大冰缝以惊人的速度裂开了。它像河流一样将浮冰分开，研究站也随之被分开。两名考察队员划着皮划艇前往 30 米外的对岸。他们必须检查研究站的各站点是否在风暴中受损。

这些天来，浮冰在不断地移动。拥有蓝色球形帐篷的海洋城正日益受到威胁。考察队最终决定将其拆除，并抢救回所有仪器，以免它们被浮冰带走或落入海洋。德国后勤组长韦丽娜·莫霍普特和挪威防熊员奥登·索尔森此刻已经组成了训练有素的抢救组。考察队员不得不将所有的站点整体搬迁，然而这也不会是他们最后一次这么做。

上：“极星号”明亮的探照灯将船只周围的环境沐浴在对比强烈的光线之中。

下：两名队员从积雪中挖出一根电缆，由于浮冰的移动，这根电缆有丢失的风险。

防熊员经常在浮冰上一动不动地站上几个小时，他们专注地盯着开阔的环境。即使穿着最好的装备也无法永远抵挡北极刺骨的寒风，寒气会钻入他们的骨头。因此，防熊员戈特·赫尔曼森用冰冻的雪砖搭建了一道防风墙。这道防风墙缓和了大风带来的寒气，令他更容易在长时间的守望中坚持下去。

海洋研究和气候变化

凝望深渊

“极星号”旁，一处开口犹如窗户，向黑暗的海洋深处打开。这是科学家们在浮冰上钻出的洞口，他们可以通过这一洞口将测量仪器下放到水下 4000 米左右的深度——恰好到达海底，也可以通过这一洞口采集水样。在“前进号”探险期间，弗里乔夫·南森是第一个测量北冰洋深度的人。后来陆续有考察队从北冰洋收集到大量数据，尤其是在夏季。在“MOSAiC”考察队出发进入浮冰以前，冬季的北冰洋对科学界来说就像一团巨大的迷雾，它几乎和北冰洋的海水一样黑，一样深。海洋组现在正通过“极星号”旁边的洞口收集宝贵的数据。此外，他们在海洋城还有其他的测量仪器以及大量漂流浮标，它们四散分布在“极星号”周围：这是一个帮助研究人员深入了解高度复杂的北冰洋世界的研究网络。海洋组与其他队员合作，正在调查海洋、海冰和大气之间的相互作用，包括生态系统的影响和气体的交换。他们正在研究深海海流以及形成海冰的表层水中发生的各种事件。他们正在生成海流剖面图，测量温度、盐度以及输送营养物质和温暖海水的湍流漩涡。

北极中部海洋与中纬度地区气候和天气之间的联系通常比人们想象的更加紧密。北冰洋有时也被称为“北极海”，面积为 1400 万平方千米，尽管它是世界各大洋中的“小个子”，然而它的面积仍然比欧洲大得多。它对地球气候系统的影响更是巨大。在北冰洋和南极海域，靠近表层的地球海流被冷却，冷却后的海流密度更高，因而下沉到海底，并返回赤道。这些海流不仅在地球上输送大量的水，还输送大量的热能。对于赤道以北的地区，这种近地表海洋环流起到了一种供热的作用。最能体现该作用的例子是墨西哥湾流，虽然欧洲人生活在一个气候本应凉爽得多的纬度，但是欧洲的气温却温暖宜人。如果墨西哥湾流没有将赤道区域的热量输送到北方，那么欧洲的温度将比当前平均低 5—10℃（9—18 ℉），它将变得更冷、更贫瘠。在全球范围内，海洋环流大大缩小了赤道和两极之间的温差。这意味着洋流是调节地球气候系统的特别重要的因素。

近年来，海洋研究记录了人为气候变化的一些主要影响。与此同时，人们发现如果没有海洋，气候变化会对地球产生更大的影响，因为海洋具备在地球表面储存热量和碳的强大能力。海洋吸收了人类引发的温室效应所产生的 93% 以上的热能。自 20 世纪 70 年代以来，研究人员一直在仔细地记录全球海洋温度，因此，我们现在可以根据历史追踪数据绘制海水的发热曲线：在这一时期，全球海洋自表面至水深 75 米处的水体的温度每十年增加了 0.11 ℃（0.198 ℉）。乍一看该数值好像不高，这样的温度不会导致鱼类和其他海洋动物汗流浃背。然而，如此变暖现象给许多海洋动物的新陈代谢带来了极大的压力，对珊瑚等某些动物类群甚至造成了生命威胁。部分海域的水温上升情况也可能远远高于全球平均水平。当海水变暖时，海洋生物多样性就会受到威胁。

海洋变暖还引发了一个众所周知的问题，它将影响到沿海地区的大约 6.8 亿居民和小岛屿国家（这些国家往往较为贫穷）的 6500 万居民：自 21 世纪初以来，海平面上升速度大大加快。温暖的海水不仅使海域面积增加、海岸线缩减，还加剧了格陵兰岛和南极大陆上巨大冰盖的融化，导致海平面上升得更厉害。该效应在弗拉姆海峡可显著体现。弗拉姆海峡位于格陵兰岛和斯瓦尔巴群岛之间，是洋流进出北极的主要动脉之一，“极星号”在长达一年的考察期间正是向着该海峡漂流的。自 20 世纪 90 年代末开始，向北流动的海水温度上升了大约 1℃（1.8 ℉）。这些温暖的水团与格陵兰冰川相遇，最终将冰川的底部融化。联合国政府间气候变化专门委员会（IPCC）预测，如果人类再不大幅减少温室气体的排放，从而降低气候变化的负面影响，那么到 21

这是一个巨大的冰洞，它不仅在海洋城里，还在“极星号”的边上。科学家和船员之间的绝佳合作是制造这个冰洞的必要条件。在船只起重机的帮助下，队员们将硕大的冰块从浮冰上移除。图中，一台大型的多通道 CTD 仪器经由冰洞被放入水中，在大约 4000 米深的海底探索海洋。

世纪末，全球海平面将平均上升 60 至 110 厘米。

但海洋吸收的不仅仅是热量。海洋吸收了人类因运输业和工业而排放到大气中的三分之一以上的二氧化碳。这也使我们至今免于遭受更严重的气候变化影响。不过代价也很高：二氧化碳的增加改变了海水的化学平衡。随着二氧化碳水平上升，pH 下降了：这就是海洋酸化。迄今为止，自工业革命开始以来，海水酸度已经上升了 30%，预计到 2100 年，海水酸度可能会上升 100% 至 150%。长期以来，海洋酸化一直被认为是全球变暖的孪生兄弟；从中期来看，海洋酸化同样令人不安，因为它威胁着海洋中的生命和食物网。由于冷水能够极为高效地吸收碳，因此极地海洋受到的负面影响更为严重。包裹在石灰质外壳中的海洋生物尤其危险，因为海洋酸化导致它们越来越难形成必要的石灰壳。翼足类动物就是受此影响的一类濒危动物。这些微小的动物属于海洋软体动物，它们在北极海域里优雅地漂浮，因此它们也是浮游动物的一部分，处于海洋食物网的中心。在北极，鱼类和海鸟以浮游动物为食，而这些鱼类和海鸟则滋养了海豹、北极熊、鲸类乃至食物链最顶端的人类。随着酸化作用的加剧，翼足类原本就脆弱的外壳变得更薄了，酸化甚至可能导致它们这些具有保护作用的外壳上出现孔洞。

翼足类等一些海洋生物能够理想地适应（未受人类干扰的）北极的极端环境条件。而这个脆弱的北极生态系统本身依赖于由邻近海洋的海流所携带、运输而来的营养物质。因此，“MOSAiC”考察队的研究人员正在仔细地检查海流及其所携带的物质，以及海流的温度和盐度条件。北极海域里复杂的热流仍然是有待研究的对象。有一件事是肯定的：从大西洋和太平洋流入北冰洋深处的暖水团能够完全融化北极海冰。然而，这种热量通常不会从海洋深处上传到表面冰层，因为随着深度的增加，海水的盐度和密度也会增加，这在很大程度上阻碍了来自深层水体的热量与上层水体混合。研究人员对海洋上层水体的垂直混合特别感兴趣，因为这是海洋和海冰依据季节变迁的节奏而产生迷人的相互作用所在：永久循环的聚合状态变化，对北极气候系统产生了巨大的影响。

当海洋与寒冷的大气接触时，表层海水可冷却至 -1.8 ℃（28.76 ℉）。起初，海水中的盐分会阻止它结冰，但如果温度进一步降低，最终甚至连海水都会变成冰，并在结冰过程中排出盐分。因此，海冰的盐度远低于海洋本身，它们在冰层下形成了一层特别咸的水层。由于盐度极高，因此这一水层会下沉到更深的地方，从而在海洋上层水体里产生运动。但是当海冰融化时，北冰洋表层将覆盖一层较浅的淡水。气候变化使得北极海水的盐度降低了，尤其是近表层水附近——部分是因为越来越多的海冰正在融化，还有部分是因为西伯利亚河流正在向北极流入大量淡水，这些淡水是由越来越频繁和越来越强的降水补给的。依照研究人员的某项假设，正是这一层盐度更低的水，可能会在夏季反过来使海冰融化得更快。因此，在北极的春末，能够将大气与海洋分隔开的高反射海冰层消失了；接着，在长达数月的夏季里，太阳光直接照射进开阔海域。海洋中的黑水几乎完全吸收了光能，并进一步推动北冰洋变暖、北极海冰融化——它将给地球气候系统带来严重的后果。

轮换

在北极点[1]交接

1 本次考察没有刚好在北极点轮换人员，但已经十分接近北极点了，具体位置可参考本书开头的地图。

考察队的第一次轮换定于2019年12月中旬。在海冰上交接大约100号人和货物的行动会成功吗？这对“极星号”和俄罗斯补给破冰船“德拉尼岑船长号”上的船员来说是一个紧张的时刻，但交接工作最终还是按计划完成了。几天后，第一航段的队员们乘坐“德拉尼岑船长号”启程回家。他们的情绪在归家的渴望和离别的忧伤之间波动。在随海冰漂流的数月时间里，团队成员培养出了日渐团结和亲密的关系，这种关系陪伴着他们，包括最后16天的返程航行，直到他们最终下船。在此期间，“德拉尼岑船长号”在夜间和冰上缓慢地前进，引擎发出单调而有节奏的运作声。科学家玛丽亚·约瑟法·弗杜戈在“德拉尼岑船长号”黑暗的驾驶室里一边观望，一边听这乏味的催眠声。

第一航段的考察队员现在在补给船“德拉尼岑船长号”上，他们在返回南方的途中庆祝圣诞节，其实此刻“极星号”离圣诞老人的家乡更近。在圣诞节，人们会玩抽签——抽得的礼物在 9 月份北极之行开始时就已经准备好了，现在它们终于迎来了自己的高光时刻。尽管有时就像“Secret Santa”游戏[1]一样，并不是每件礼物都符合接收者的口味，然而现场气氛极好。此时，“圣诞老人”还亲自到访了“德拉尼岑船长号”。

1 在游戏中，每个人准备好自己的圣诞礼物，通过抽签得知自己的送礼对象，成为对方的“秘密圣诞老人”并赠送礼物给对方，但是不能让对方知道礼物是谁送的。

2019年12月，俄罗斯破冰船“德拉尼岑船长号”正毅然在冰面上奋力前行。它的目标是“极星号”，后者此时已经随海冰漂流了两个多月。

“德拉尼岑船长号”的货舱里储存着食物，里面除了有面粉和腌制品、新鲜的水果和蔬菜，还有薯片、巧克力和啤酒，最后三种食物主要用于振奋考察队员的精神。这艘破冰船还携带了科学仪器，以及冰上团队预定的用于维修的物资。最重要的是，船上还有大约100名考察队员：他们是即将接过“极星号”接力棒的新团队，即“夜班”团队。第二航段将于2019年12月中旬开始，队员们在考察期间最黑暗、最寒冷的阶段出发。此刻，“德拉尼岑船长号”正带着他们去往北极过冬。

“极星号”的漂流将其带到如此偏远的地区，以至于连船只与陆地之间的卫星链路也只能在有限的范围内发挥作用。因此，只有通过复杂的后勤编排设计才能实现定期计划的补给和轮换，即每隔几个月更换一次科学家、后勤人员和船员团队之行。“MOSAiC”考察项目历经十年精心而复杂的规划。项目规划者考虑了各种替代计划，以保证在任何（无论多么不利的）情况下，物资供应和人员轮换都能顺利进行。然而很明显，在“MOSAiC”考察期间，所有的极地研究活动都取决于自然力，即使是经历最佳规划的、如此大规模的任务也必须听命于这种不可抗力。因此，每次补给之行都带有不确定性：这次人员和物资的交换会按计划进行吗？

“德拉尼岑船长号”在第一次补给之行中就发现自己受到了自然力的阻碍。航行期间，飓风曾在巴伦支海上空肆虐，船只只好在峡湾中等待数日，等待更好的天气——这给极地考察计划的如期进行带来了一段延迟。最后，在海上航行了大约两周后，“德拉尼岑船长号”上的团队发现了地平线上“极星号”的亮光。为了不破坏浮冰和冰站，这艘俄罗斯补给破冰船小心翼翼地朝着“极星号”航行。

接下来的五天又是考察队在北极的一段繁忙时光：考察队转运了数吨货物，部分依靠人力穿越冰面运送，部分由大型起重机直接从一艘船吊到另一艘船上。转运期间，室外的温度是 -30 ℃（-22 ℉），因此，考察队在搬运不可冻结的货物时必须抓紧时间。与此同时，新来的团队成员则由同事指导工作计划，叮嘱安全措施。哪台仪器放在哪里？在浮冰上，去哪里要走哪条路线？面对来访的北极熊是什么样的体验？与第一航段的队员不同，第二航段的队员从来没有机会在白天探索浮冰。新来的队员必须学会如何在极夜的黑暗中找到自己的路。为此，他们不能单靠眼睛；激光扫描仪和红外摄像机等辅助技术使他们能够通过一系列经过仔细校准的直升机航次在浮冰上空飞行，来精确地绘制浮冰地形图。

第一航段的科学家、后勤人员、防熊员和船员于数月前出发前往北极，如今终于登上“德拉尼岑船长号”，此刻，他们之中的许多人感到既渴望又忧伤。虽然期盼回家的喜悦之情肯定会增加，但是他们很难把对“极星号”及其经过精心维护的测量仪器的情感遗留在冰面上。相当多的人在回到家后会觉得文明社会的惯例太多了：文明生活意味着要无穷无尽地穿梭于超市和拥挤的市中心。所以有些人会对北极的荒凉辽阔抱有渴望。

第一次轮换进行得很顺利。可是随着时间的推移，考察队将面临越来越艰巨的挑战，这些挑战将对组织者提出严苛的要求，要求他们在很短的时间内为现有的备用计划增加全新的考量。

2020 年 2 月，当“德拉尼岑船长号”再次驶入浮冰中准备轮换时，它遇到了相当困难的冰况。海冰因气候变化而逐渐消失，也正因如此，这艘俄罗斯破冰船向北极移动的速度减慢了。虽然全球变暖正在逐步阻止新北极区域形成更厚的多年冰（这种庞大的浮冰曾经包围并摧毁了许多远征船只），但风会令浮冰堆积起来，迫使更薄、更小的浮冰互相挤压，形成厚厚的冰脊。当这些浮冰在水面以上的高度有 4 米时，“德拉尼岑船长号”几乎无法通过，因为此时这些浮冰在水下的深度通常会达到 20 米甚至 30 米。这些漂浮的冰山反复出现，阻挡船只的行进路线，令其在不断变化的海冰航道中艰难前行。

最后，俄罗斯船长亚历山大·厄普列夫施展了他高超的航海技艺。2020 年 2 月 28 日，他引导“德拉尼岑船长号”到达“极星号”附近 1 千米的范围内，它也因此在北极的冬季来到了非常接近北极点的地方。在这次航行中，“德拉尼岑船长号”到达了 88° 28’N 的位置。这艘俄罗斯破冰船不仅成功地冲破了新北极区域艰难的冰层条件，还打破了一项记录：此前从未有一艘船在一年如此之早的时刻凭借自己的动力深入到如此遥远的北方。与此同时，“极星号”也创造了一项记录：它已经漂流到 88° 36’N 的位置，距离北极点只有 156 千米。此前从未有一艘船在北极的冬季到过如此遥远的北方。

两艘船之间仍有距离，这意味着人们需要用雪地摩托和大型雪地履带车来转运人员和物资。受包括寒风在内的一些因素影响，冰上气温下降到了 –58 ℃（–72.4 ℉），这使物资交换在物理和规划方面都具有挑战性：队员们渴望获得的新鲜蔬果需要先被放置在保温容器里以防冻坏，才能完好地被运输到“极星号”上。气温实在是太低了，“德拉尼岑船长号”在海冰中破出的宽阔水道仅在一天之内又再次冻结了。

当物资交换仍在北极如火如荼地进行时，在俄罗斯，另一艘破冰船“马卡洛夫海军上将号”启程了，它将驶向“德拉尼岑船长号”，为其供应燃料。“德拉尼岑船长号”在驶向“极星号”的过程中为突破浮冰而付出了巨大的努力，耗尽了储备的燃料。最后，两艘破冰船在浮冰中会合，“德拉尼岑船长号”加上了油，以便继续驶向挪威。最终，它于 2020 年 3 月 31 日在特罗姆瑟靠港，比计划的靠港时间推迟了 3 个多星期。考察队员们不仅在经历数月的黑暗之后回到了白昼，还回到了一个发生了出人意料的变化的世界……

“在‘MOSAiC’考察期间，我经历了北极中部的完全黑暗，那里与文明隔绝，零度以下的气温令人感到极寒，这些因素对工作和生活都是挑战。但是，与此同时，那里也是我去过的最美丽的地方之一，此次考察当然也是我最难忘的经历之一。得知我是全世界少数踏上了快速演变的北极海冰的人之一，我感到无上光荣。”

——杰西·克里米恩，科学家

第二航段的考察队员们在漂流的“极星号”上度过圣诞节。而此时，第一航段的男女队员们正乘坐俄罗斯破冰船“德拉尼岑船长号”前往挪威，驶向2020年。“德拉尼岑船长号”餐厅的圣诞装饰营造出了节日的气氛。

在船上，来自世界各地的队员们有机会体验不同文化和国家的一些典型而有趣的特色。海冰研究人员贾里·哈帕拉坚持芬兰的传统，每天洗桑拿。久而久之，其他人也学会了芬兰人的桑拿问候语“Hyviä löylyjä！”，它可以翻译为“蒸汽很舒适！”

Бассейн
пустой

与埃丝特·霍瓦思对话
极夜的黑暗无尽地迷人

埃丝特·霍瓦思在北极点附近的破冰船“极星号”上担任了数月的随船摄影师。全世界几乎没有其他区域像这里一样难以用照片捕捉。每一天，摄影师和相机都暴露在极寒之中。这些照片记录了独特的极光、会缝纫的直升机飞行员，以及漫长极夜里北极熊的数次拜访。

你如何用一幅画面来描述“MOSAiC”考察？

每当我想起这次考察时，总会想起一个场景：一天晚上，三名科学家在完成测量后冒着暴风雪返回“极星号”。当时天几乎完全黑了，唯一的光亮来自船上。在光束之外的地方，只有黑暗。这种黑暗，再加上暴风雨，很好地描述了极夜期间我们在冰上的日常生活。

你在北极待了将近4个月。你是如何准备这次考察的？

每次考察都需要做好充足的准备。我去过极地好几次，但我此前从来没有像为准备“MOSAiC”考察那样紧张地准备其他考察。在出发前将近半年的时间里，我所做的一切都围绕着它。和其他队员一样，我也参加了预备训练。这给了我很强的安全感。经历训练后，如果在考察期间发生了什么事，例如有人掉进水里，我知道该如何应对。在以充分的准备工作为基础的前提下，我们在考察期间对潜在的危险高度敏感。预备训练期间，我也为这次考察做足了心理准备。

“我爱上那时候的光了。那不是单调的白色风景。当太阳和云朵移动时，冰上的颜色经常发生变化。”

——埃丝特·霍瓦思

“MOSAiC”不是你第一次参与的北极考察。那么从摄影的角度来看，这次考察对你来说有什么不同？

我此前参与的北极考察通常每天24小时都是有光的。我以前从未经历过极夜。我喜欢在黑暗中拍照，玩光影游戏。北极的冬季提供了一种独特的视觉氛围。我每天都意识到，作为一名摄影师，能够在极夜接近北极点是千载难逢的机会。这就是为什么我在考察期间要抓住每一个外出去冰上的机会。

考察期间你带了什么摄影器材？

我带了三台全帧相机，每次去冰上拍摄都会带两台。这样一来，如果其中一台相机因寒冷而停止工作，需要缓一缓时，我可以快速切换到另一台。我还带了一些特殊的LED灯来照明。因为在寒冷的天气里电池消耗得很快，所以我不得不携带很多的替换电池。当然，我还带了很多的存储卡和硬盘来备份照片。

作为一名摄影师，你在考察期间面临的最大挑战是什么？

双手冰冷的感觉是最糟糕的。这台相机是由金属制成的，温度传导效果非常好，在室外摸起来冰冷冰冷的。我几乎每天都在遭受这种痛苦。有时我的手很疼，疼得眼泪顺着脸颊流下来。在考察的最后几周里，我找到了一个解决问题的办法：我对相机做了一些改造，用特殊的胶布把它包起来，形成外壳。因为我的手

套里有暖手器，也很笨重，所以我还得用胶带改造相机快门的触发位置，好让它操作起来更方便。我还想出了在几秒钟内快速更换电池的方法。频繁出现的暴风雪是考察期间的另一项挑战。有时风速会达到每小时 100 千米。没有雪地护目镜，你无法睁开眼睛，但是我几乎无法通过护目镜看到相机取景器中的焦点。当然，除此之外，天还很黑，雪还在空中飞舞。通常我在按下快门的时候只能大致知道焦点的位置。

考察队在极夜开始之前就到达了北极。那时的光线是什么样子的？

我爱上那时候的光了。在那种光的照射下，冰上呈现的不是单调的白色风景。当太阳和云朵移动时，冰上的颜色经常发生变化。太阳在水和冰上的反射也很迷人。特别是当太阳位置很低的时候，它们呈现出美丽而多样的颜色……橙色、蓝色、紫色。你在其他任何地方都找不到这样的光。但是天气变化得非常快，雾会突然出现，营造出一种鬼魅的气氛。你会觉得自己就像在电影里一样。

你在冰上迈出第一步时有什么感觉？

考察队允许我和第一批外出调查的人一起探索浮冰。那感觉就像是在经历历史性的时刻，因为以前从来没有人到过那里。这让我想起了登月行动。一想到这片浮冰可能会成为我们的新家，我就非常兴奋。当时，这片冰几乎还是完全平坦的。但在某些地方，你可以发现被冰雪覆盖的融池和冰脊。后来冰上的景观不断变化，浮冰就破裂或相互挤压、堆积成高大的冰脊了。

从摄影角度来看，这次考察最激动人心的时刻是何时？

从摄影角度来看，能够参与此次考察就足以令人激动，因为我的梦想成真了。我非常感激考察队给我拍摄这一神奇景象的机会。尽管在极夜，所有的北极风景乍一看都很相似，但我觉得自己在不断地发现新的东西。船上的生活也很令人陶醉。我们没有互联网，没有电视。有趣的是，考察队员们在船上与世隔绝，他们以一种和在家时完全不同的方式相处。拍摄这些照片的感觉非常温馨。

你是如何进行拍摄的？

在拍摄每张照片之前，我的脑海里会先构思好一则故事。我会事先做调查，并且经常和他人攀谈。我了解我按下快门的时间和原因，以及我想用这种方式表达的内容。我通常用 24 毫米或 35 毫米的广角镜头拍照，因为我还想捕捉背景中的所有细节。我通常也会设置自己的光圈。接着我便不再做任何调整，但有时我不得不等待脑海中的图像出现在现实中，然后我才会按下快门。

你用相机讲述什么样的故事？

一名直升机飞行员告诉我，他用自己缝制的旗子在浮冰上标记着陆地点。为此，他带了一台缝纫机放在他的船舱里。我非常喜欢这则故事，所以我问他下次缝制旗子的时候，我是否能够在场。我在那张照片中还展示了他的船舱，这对我来说很重要。在几平方米的地方生活和工作是什么体验？这本书中的每张照片背后都有一则类似这样的故事。

作为一名摄影师，你在船上的日常生活是怎么样的？

虽然每天过得都不一样，但是我在考察时有固定的日程，必须好好安排时间。我总是早上 8 点起床。这个时间比船上其他人的起床时间相对晚，我经常错过早餐。接着我会喝些咖啡，随之做好工作准备。9 点钟的时候，我会站在作业甲板上，然后通常会和第一组人一起去冰上。然后我就在冰上拍照，直到午餐时间。下午 1 点，我第二次外出，一直工作到晚餐时间。晚餐后我们会进行各种讨论，计划下一天的工作。我经常在夜晚整理和编辑照片。

你的一张照片获得了世界新闻摄影奖的环境类大奖。照片中是一对北极熊母子好奇地穿过研究站。这张照片是怎么拍的呢？

那是在晚餐后不久，我又到甲板上拍照了。突然，我注意到许多考察队员正在从驾驶室里观察浮冰，因为有两头北极熊正在接近我们的船。于是我径直走到驾驶室前方，船头的位置。我在船上——在确保自身安全的情况下看到黑暗荒野中的两头北极熊——那可真是机不可失，时不再来。我不是野生动物摄影师，但我想记录下北极熊对我们的研究站的反应。毕竟，我们在北极并不孤单，我们只是北极熊王国里的客人。

考察过程中有什么东西是不能通过摄影来表达的吗？

有的！以摄影的方式很难传达我们在视野有限的情况下的感受。我们只能从船的探照灯或我们的头灯光束中看见东西。刮风的时候，你甚至都听不到其他声音。在这个极端恶劣的环境下，感官的工作方式与平常完全不同。极夜的黑暗无尽迷人。我站在海冰的中间，在黑暗中感受一切，户外的每一天都让我沉醉。我每天都在想，这个陌生的同时也如魔法一般的世界到底是不是真实的，抑或我只是在看电影布景。

你从这次考察中得到了哪些个人经历？

作为一名摄影师，我学到了很多东西。在考察期间，我积累了很多在极端寒冷和黑暗的环境中摄影的经验。我也越来越了解科学家们的工作。如今当我看着自己拍的照片时，我可以看到我是如何进步的。但最重要的是那种站在海冰上，并且意识到在我们下方有几千米深的海洋的独特体验。这是一种不可思议的感觉，几乎无法用言语形容。

雪地摩托的轨迹与看似月球表面的景观背景形成鲜明对比。一些考察队员惊奇地欣赏着这一景象，许多人都有一种感觉，那就是蓝色的地球一定会从无色的地平线后面升起。

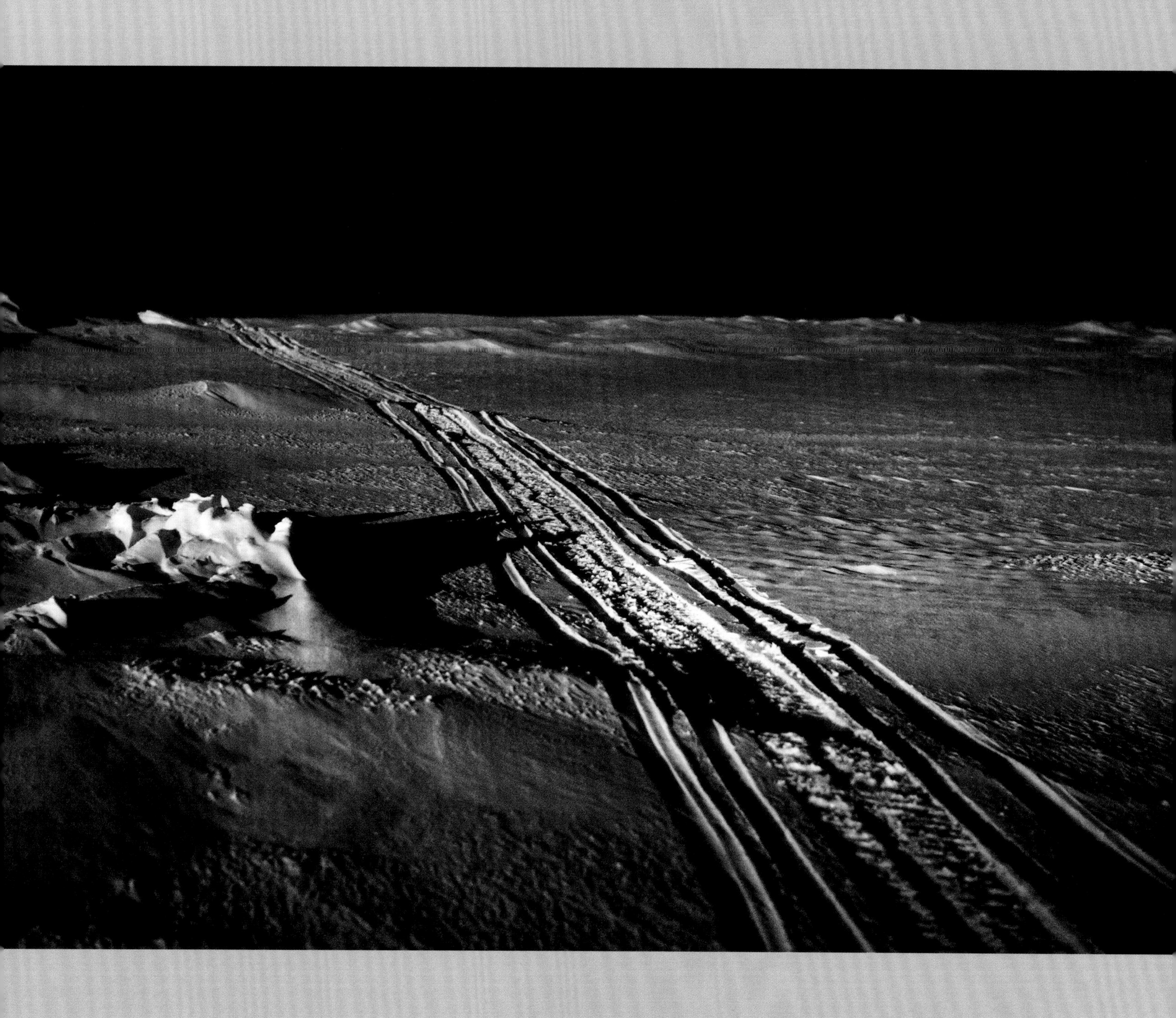

一个不同的世界

漂流穿越北极的夏季

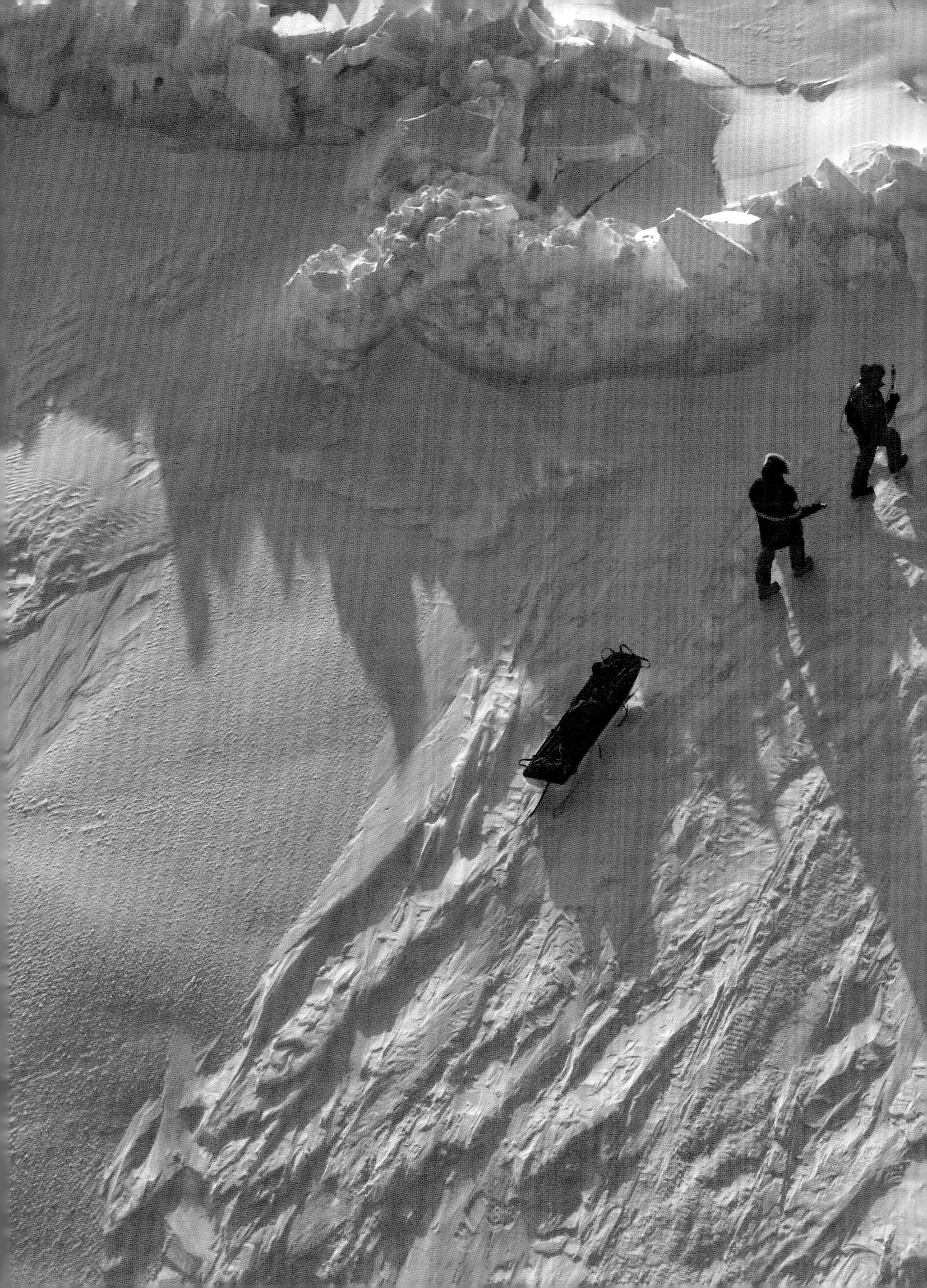

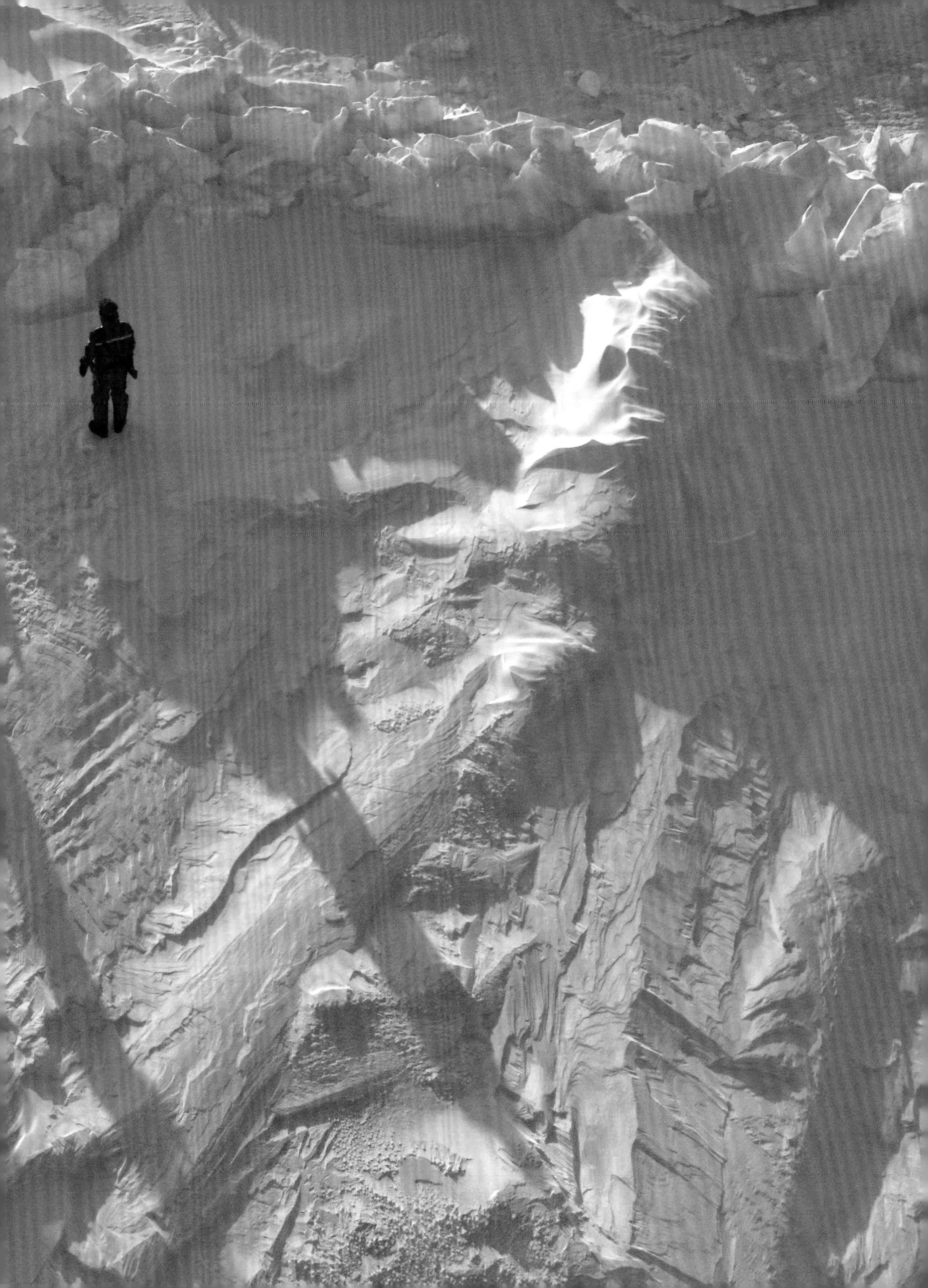

3 月初，太阳重新出现在地平线上。它预示着极昼很快就会到来。极昼令日光照射在北极区域，24 小时不停歇。因此，科学家们的工作环境将在短时间内从一个极端变为另一个极端——从持续的夜晚变为漫长的白昼。

2020 年 3 月，当第二航段的考察队员在海上工作数月后重新踏上陆地时，第三航段的队员已经在北冰洋上漂流了。考察如期进行，但陆地上发生了巨大的变化。

在第三航段的考察队员于 2020 年 1 月出发之前，一种新型冠状病毒肺炎开始出现的消息席卷全球。但当时的新闻还没有表明新冠肺炎疫情将影响全世界。仅仅两个月后，面对疫情，世界各国关闭了边境。公共生活和国际交通几乎完全停滞——冠状病毒大流行对“MOSAiC”考察的继续开展构成了威胁，让人们对来自世界各地的新参与者和补给船能否前往“极星号”持怀疑的态度。

第四航段的考察队员将乘坐从斯瓦尔巴群岛起飞的飞机轮流进入浮冰区，因为春季的海冰最厚，即使是破冰船也几乎无法逾越。但冠状病毒的出现破坏了所有考察计划。为了保护斯瓦尔巴群岛，挪威当局封锁了该地。而另一条需要途经俄罗斯北地群岛的路线也被关闭了。各种替代方案接二连三地被证明不可行。尽管“极星号”上有充足的食物和燃料，但这艘船突然之间与世隔绝了。

“MOSAiC”考察项目几乎要在预期计划执行到一半的时候就结束了，然而多亏了考察队伟大的决心和承诺，他们拒绝放弃，并在几周内制定了全新的替代计划。如此一来哪怕全球陷入停滞，研究计划仍可以继续开展。对于那些正在“极星号”上的人来说，这意味着他们留在考察队的时间几乎变成了最初计划的两倍。这些队员将在北极度过总共 4 个多月的时间，并在浮冰上坚守岗位——在全世界的关注下。

与此同时，光又回来了，漫长的极夜将被同样漫长的极昼所取代。日复一日，太阳从冰冷的地平线上越升越高，直到最后不再落下。墨镜成为重要的装备，头灯则被压在行李袋的底部。这片冰天雪地的景观过去只能通过探照灯观察，如今它向远方延伸，在考察队员面前展现出完整的模样。也许研究人员们并不乐意延长自己在北极的工作期限，但他们还是充分利用了这些额外的冰上时间。他们从每一个可能的角度研究了新春条件下的浮冰，并记录了北极生命如何在阳光下变得愈加活跃。与此同时，浮冰以前所未有的强度展示了海冰的动态性质，研究小组的工作绝不容易。压缩冰脊被向上推挤，浮冰上出现大大小小的裂缝。考察队现在变成了探险队。在日益支离破碎的浮冰马赛克上，研究站上的站点开始移动。过去常走的路线不再可靠：有时只有通过划皮划艇才能到达冰站的气象测量塔。有一段时间，浮冰非常不稳定，因此团队成员们甚至讨论要将“极星号”“停放”在另一个地方，一个新的可将它重新冻结起来的浮冰中。

与此同时，强劲的风将“极星号”从附近北极点吹向弗拉姆海峡，令考察队比预期更早地向斯瓦尔巴群岛靠近。从后勤补给的角度来看，这对考察队新采纳的计划是有利的：两艘德国科考船“索恩号”和“玛丽亚·S. 梅里安号”正在前往斯瓦尔巴群岛的途中，他们正载着下一航段的团队前往北极。为了避免冠状病毒传播到“极星号”上，新抵达的考察队员在不来梅港接受了两周的隔离。然而，这两艘科考船不是破冰船，只能将团队和货物带到斯瓦尔巴群岛周围的海域，换句话说，只能带到海冰的边缘。因此，新计划意味着“极星号”本身必须离开浮冰进到海里：七

个月又十二天之后，这艘科考破冰船中断了漂流。“极星号”经过巨大的努力，开始向海冰边缘进发，即便如此，研究人员仍在密切地关注他们的浮冰基地：融冰季节开始了，他们正在使用自动测量仪器继续收集重要数据。温度越来越频繁地上升到冰点附近。海冰上的积雪消失了。在前往斯瓦尔巴群岛的途中，研究小组注意到了以前呈现辐射状的白色冰慢慢变成蓝色，他们还留意了融池扩大的过程。然而，海冰上的变化并不会令“极星号”的航行变得轻松。海冰在不断变化、融化的表面下隐藏着已形成两年的坚冰，只有经历一番挣扎之后，“极星号”才能从海冰中解脱出来。

第三航段的考察就此结束了。19 天后，“极星号”破冰船在斯瓦尔巴群岛附近的阿德泛峡湾见到了另外两艘船。团队在平静的海域里进行三艘船之间的补给交换。随着新抵达的队员在“极星号”安顿下来，第三航段的队员们终于可以回家了。

“极星号”再次启程。在即将到来的夏季，科学家们将继续寻找北极气候拼图中缺失的部分。他们将取回成吨的水、雪和冰样本。大量的浮游动物和浮游植物最终将进入世界各地的实验室。数百太字节（TB）的数据将被输入模型进行运算。正是关于不断变化的北极的数据和知识，揭露了我们所持的“北极海冰永恒存在”的观点其实是错误的，是一种幻觉。气候模型已经预测出在 2050 年之前，夏季的北冰洋极有可能基本不结冰了。无冰海洋的出现将彻底改变北极的面貌，长期以来，这个新的北极区域一直是业界感兴趣的话题，也是政治野心的主题：这里将不再有海冰阻碍，它的前景甚好，大量原材料等待被开采，新的渔场即将被开发，货物甚至邮轮梦寐以求的航线期待被开辟。然而，这一前景对北极环境及其敏感的生态系统构成了巨大的风险。因此，我们需要对北极区域具备更加深刻的了解。有了这些认知，我们就有可能建立一个更清晰的、可持续管理北极区域的框架。

因此，“极星号”从漂流考察中带回的数据具有不可估量的价值。在未来几年里，这些数据的分析工作将占据全球各地的科学家们的日常，它们还将提供我们迫切需要的有关北极和全球气候系统的知识。只有到那时，我们才能更好地理解北极在地球气候中所起的作用，以及失去“旧”北极对整个世界来说意味着什么。

北极点很远，很远。然而，那里所发生的事情并不仅仅停留在北极区域，相反地，世界各地人们的行为也会对这个遥远的区域产生影响。北极的未来掌握在我们的手中。

POLARSTERN
ARM

LANDING WEIGHT
SCIENTISTS

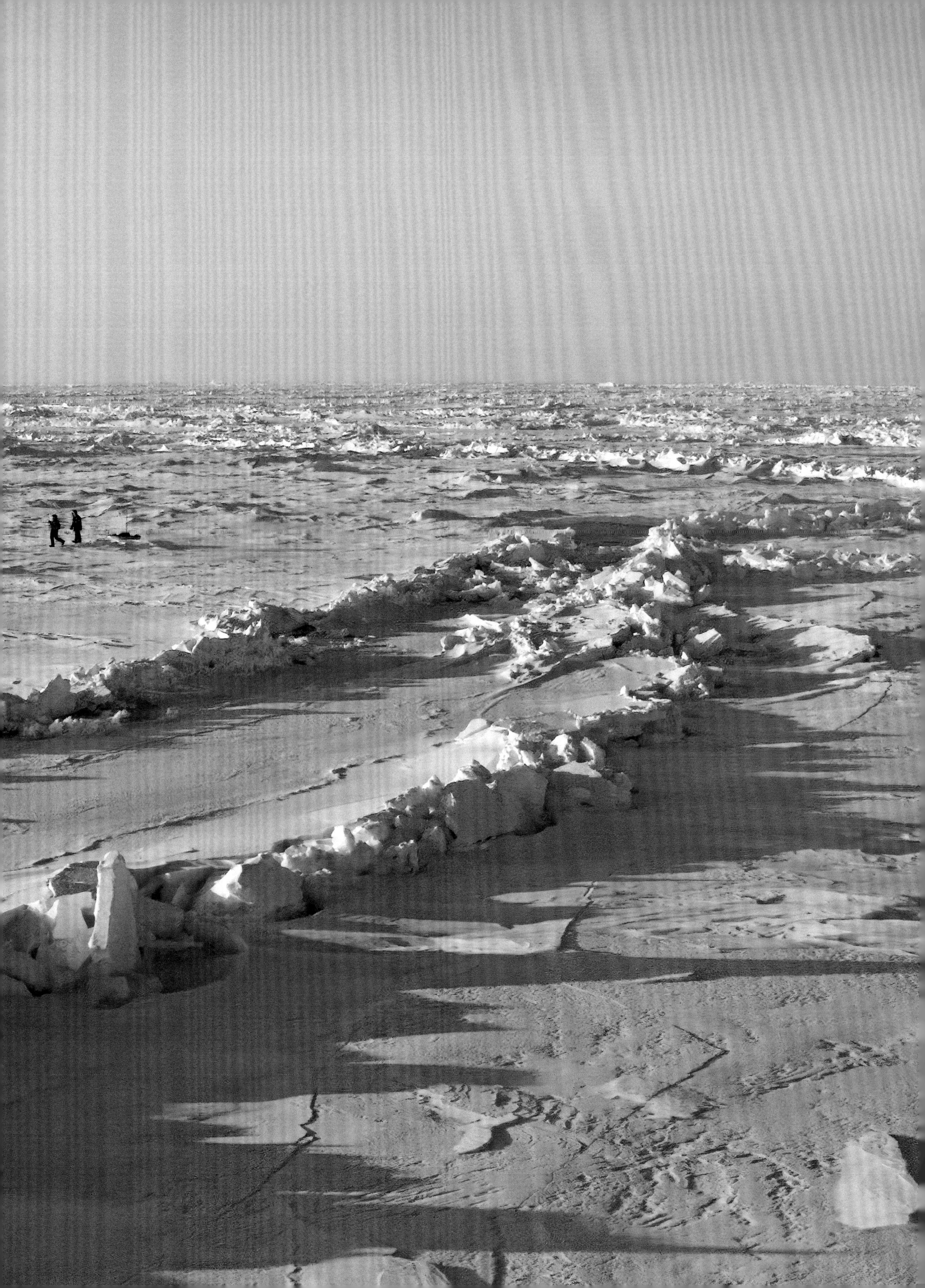

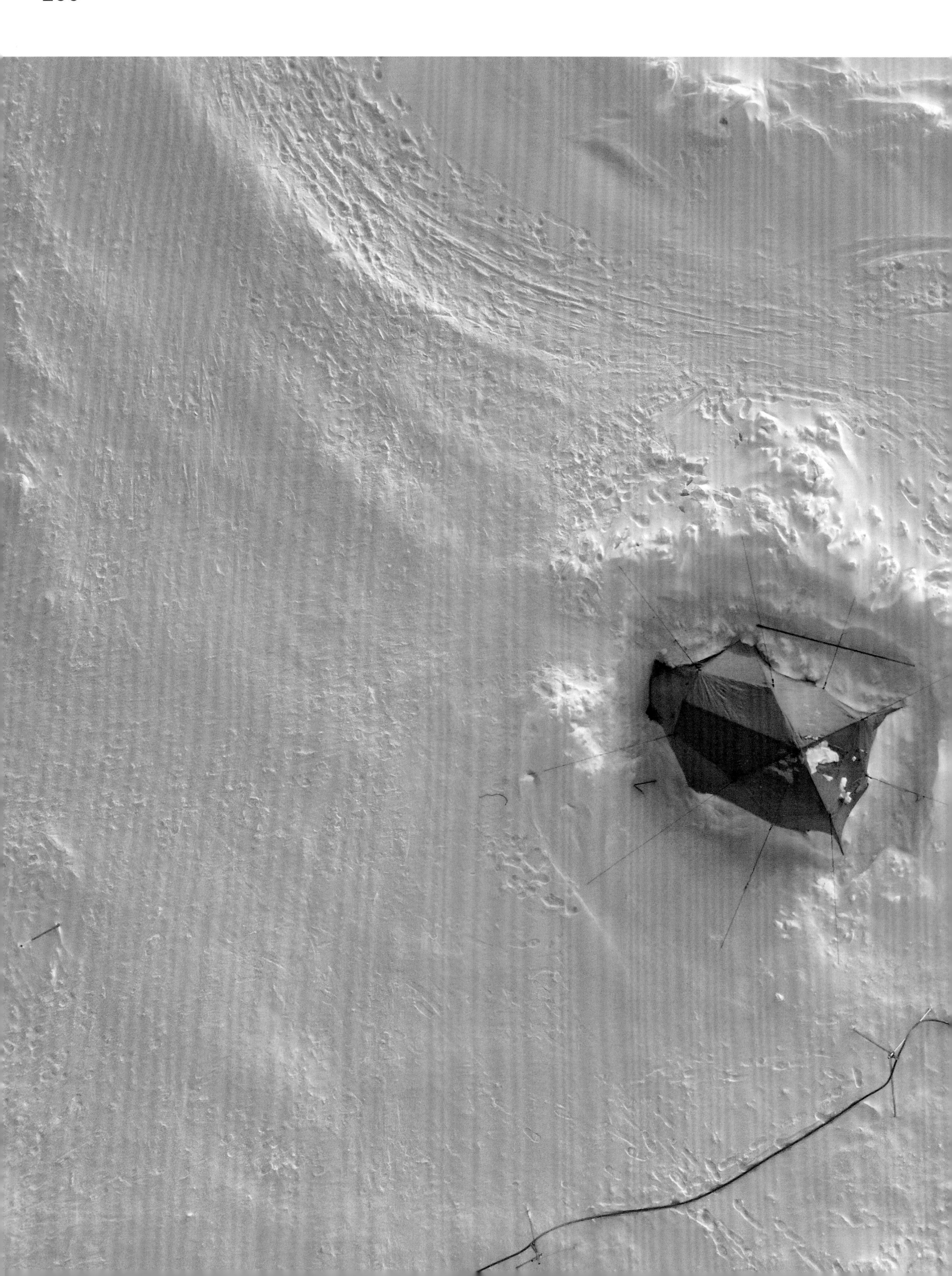

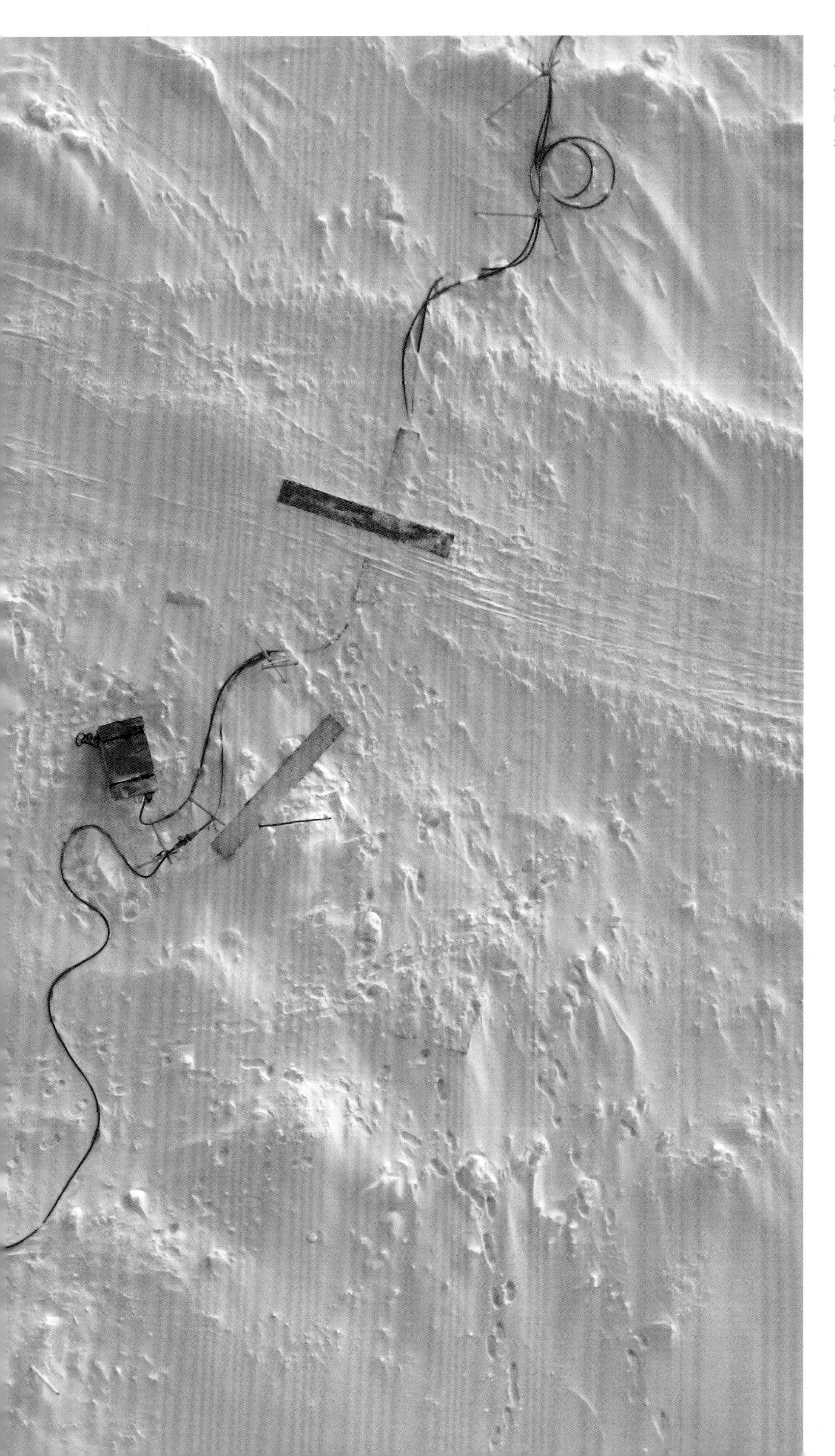

在冬季，北极上空的臭氧消耗异常强烈。“MOSAiC”考察队的科学家们是唯一一群能够完整地量化北极中部臭氧损耗程度的人，损耗就发生在他们的头顶上。

POLARSTERN

每天早上做的第一件事就是将目光投向窗外：浮冰在一夜之间如何变化？冰间水道在浮冰之间往复扩大、缩小。有时，研究站的特定区域甚至完全无法进入。同时，每条冰间水道的变化又提供了新的研究机会，因为这些裂隙在大气、海冰和海洋之间的能量和痕量气体交换中起着重要作用。

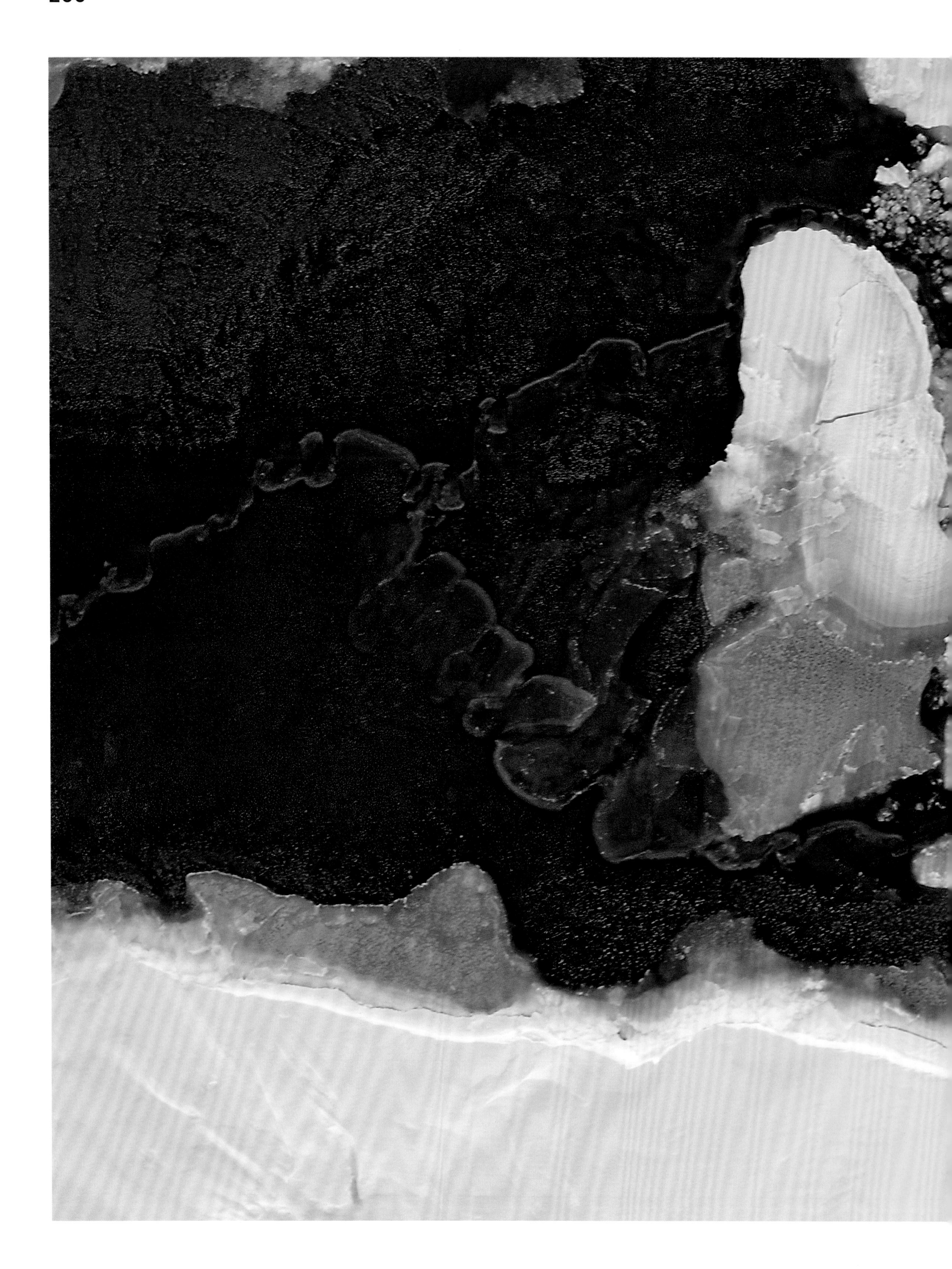

STERN
BREMERHAVEN

“有很长一段时间，我们的浮冰都很稳定，但是现在不一样了。根据潮汐的不同，我们向着不同的方向移动。许多旧的冰缝再次裂开，冰站的一些区域已经无法通过正常路线进入。今天下午由于冰的挤压，船只移动得太厉害了，以至于有段时间我们只能通过起重机下到浮冰上。我们很期待未来的发展。明天我们将迎来一场新的风暴。”

——斯蒂芬妮·阿恩特，科学家

海冰在短时间内就能堆积成数米高的压缩冰脊，吞没研究站的设备。如此一来，冰站上每个人当天的工作就不是科学研究，而是抢救、整理设备了。在考察期间，海冰一次又一次地展现其自发的活力，这清楚地表明，科学家们只是这里的客人——他们在船上与大自然的力量同行。

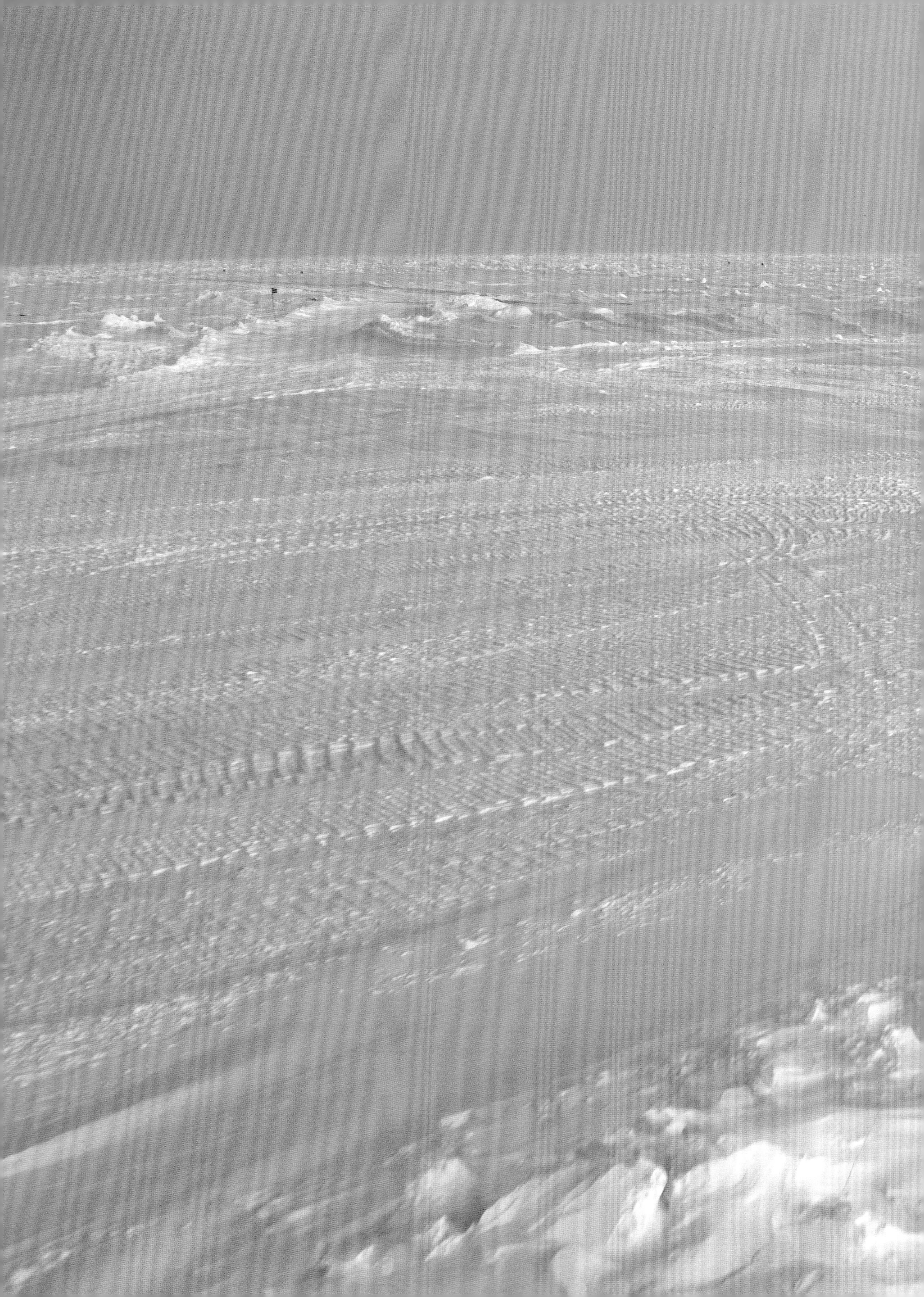

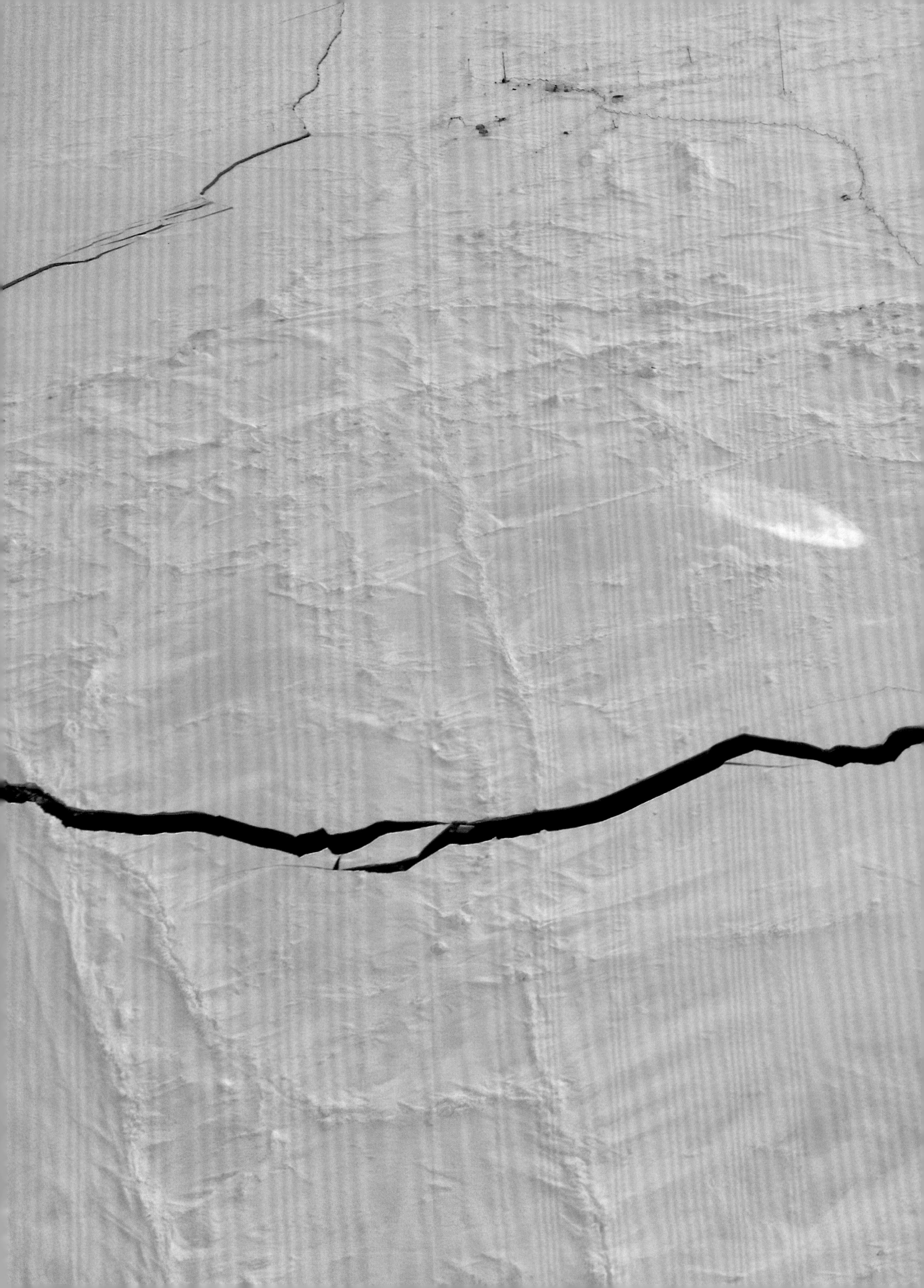

ax5,0To
POLARSTERN
BREMERHAVEN

致谢

此书只有在众多人的支持下才有可能出版。没有他们的帮助，我们无法获取与这一独特的研究项目相关的影像和文字。我们要感谢安杰·博提乌斯教授、卡斯滕·沃尔博士、乌韦·尼克斯多夫博士和马库斯·雷克斯教授，感谢他们给予我们陪同“MOSAiC”考察队进行部分考察的机会。

感谢马塞尔·尼古拉斯博士为本书内容提出建议，也感谢他对原稿发表的真知灼见。感谢艾伦·达姆博士、豪克·弗洛雷斯博士、克拉拉·霍普博士、本杰明·拉贝博士、克里斯蒂安·萨列夫斯基博士、安贾·索末菲博士、荣誉教授蒂莫西·斯坦顿和迪特·沃尔夫－格拉德罗教授就本书的主题内容提出建议。福克·梅尔滕斯博士和斯蒂芬妮·阿恩特博士不仅为我们提供了宝贵的建议，还体贴地提供了部分官方航海日志。特别感谢伊莎贝尔·埃勒和弗洛里安·弗罗恩霍尔泽，他们细致、耐心地为本书进行了编辑和设计。此外，特别感谢萨宾·温特斯特恩提供了图片及其编辑方面的协助。

感谢我们的家人和朋友，在我们驶向世界尽头的长达数月的漫长旅程中，他们一直与我们保持着密切联系。但最重要的是感谢考察队的所有成员，包括船员和研究人员，感谢他们让我们融入考察期间的日常生活。这本书是献给他们的。

埃丝特·霍瓦思、塞巴斯蒂安·格罗特，凯瑟琳娜·韦斯－图伊德

2020 年 6 月

埃丝特·霍瓦思是阿尔弗雷德·魏格纳研究所的纪实摄影师、国际自然保护摄影师联盟（iLCP）、国家地理摄影师团体（The Photo Society）以及探险家俱乐部（The Explorers Club）的成员。

霍瓦思出生于匈牙利，她在西匈牙利大学获得了经济学硕士学位。2012 年，对摄影的热爱将霍瓦思带到了纽约市，她在纽约市的国际摄影中心（ICP）主修新闻摄影和纪实摄影，随后毕业。霍瓦思在纽约市居住了 6 年，后于 2018 年搬到了德国不来梅。自 2015 年以来，霍瓦思一直致力于极地区域尤其是北冰洋的摄影事业。

霍瓦思的照片发表在《国家地理》《纽约时报》《华尔街日报》《时代周刊》《奥杜邦》和《地理》等出版物上。2020 年，她凭借在“MOSAiC”项目考察期间拍摄的照片获得了世界新闻摄影奖的环境类一等奖。

塞巴斯蒂安·格罗特曾在科隆、赫尔辛基和乌普萨拉的大学学习历史和斯堪的纳维亚研究。在科隆大学新闻系实习的经验引导他开始从事科学新闻的工作。在进入阿尔弗雷德·魏格纳研究所暨亥姆霍兹极地海洋研究中心的通信和媒体关系部门后，格罗特参加了北极和南极地区的考察。“MOSAiC”考察期间，他在“极星号”上发布随船报道。

凯瑟琳娜·韦斯－图伊德在阿尔弗雷德·魏格纳研究所暨亥姆霍兹极地与海洋研究中心（波茨坦）担任“MOSAiC”考察的通讯和媒体经理。考察期间，她负责协调船上的媒体工作。她在路德维希－马克西米利安－慕尼黑大学获得了文学博士学位，并作为自由撰稿人撰写了数年文章，文章主题包括环境和气候保护以及农业和营养学。凯瑟琳娜·韦斯－图伊德现在和她的丈夫住在柏林。

马库斯·雷克斯是阿尔弗雷德·魏格纳研究所暨亥姆霍兹极地与海洋研究中心大气研究的负责人，也是波茨坦大学的大气物理学教授。他已经参加了多次前往北极、南极和世界其他偏远地区的考察，研究导致剧烈气候变化的复杂气候过程。马库斯是“MOSAiC”项目的总负责人，“MOSAiC”项目是一个由来自 20 个国家的 90 个机构共同参与的特别合作研究项目。

译后记

当编辑邀请我翻译本书的时候，我几乎没有犹豫就答应下来了。一方面我对此书中文版的面世充满期待，另一方面我认为自己也算半个极地人了，有责任，也可以顺利地完成此书的翻译工作。“MOSAiC”是一次十分伟大的北极科考活动，它的规模可谓史上最大，参与的国家可谓史上最多，研究的内容也是当前最紧迫、与我们人类最息息相关的问题——随着全球气候变化，未来的北极可能变成什么样？未来的地球又会因此变成什么样？

翻开此书之前，你我对“MOSAiC”考察的了解恐怕不算深入，网络新闻的只言片语没有办法详尽地描绘考察的细节。而翻开此书，我们对“MOSAiC”考察的了解将不再流于表面。这是一本摄影集，然而无论是照片还是文字，都蕴含着作者对北极过去和未来变化的比较、对自然与人类关系的思考。最让人印象深刻的，则是科研人在极北之境，尤其是极夜之境的那种坚忍不拔、无畏险阻和苦中作乐的精神。

我的个人经历与极地是一种若即若离的关系，严格意义上来说我并不属于一名极地科考人，虽然我随船去过两次南极和一次北极，历时将近100天，但并不是以科考队员的身份，而是以极地向导的身份而去；虽然在攻读硕士学位期间我的研究方向是极地与大洋的小型底栖动物群落生态，但后来我转向了对近海海洋哺乳动物的研究。尽管如此，我身边一直围绕着一群南北极科考队员，他们是我的前辈、同事、同学或朋友，我们经常讨论和分享一些极地经历，如果有机会，我愿意以一名科考队员的身份再回到南北极去。《漂流北极》一书中描述的船上生活，我有如亲历，尽管没有那么辛苦，户外气温没有那么低，也不需要经历极夜，然而那种在孤独的异乡与先前完全不认识的同事培养出来的并肩作战的情感，叫人一生都难以忘怀。尤其是在漫长旅程的最后，对家的渴望和对船的不舍相互交织缠斗，似乎是每个人都要经历的。

《漂流北极》一书的文字量不大，翻译起来也不算吃力。虽然书中涉及的海洋物理知识较多，而我又不是相关专业出身，但一直以来积累的海洋科学知识还是在翻译过程中起到了不小的作用。可是最后哪怕整本书逐字逐句翻译到位了，我还是觉得缺少一些灵魂。有些问题，我需要请一位亲历“MOSAiC”考察的专家为我解答。

翻译后期，在前南北极科考队员，同时也是我朋友的王海宁的引荐下，我认识了中国极地研究中心的雷瑞波研究员（本书第235页照片近景中的人物）。雷老师是曾经与海宁一起在中山站度夏的队友，也是此次“MOSAiC”考察的参与者之一，他参与了考察的第一航段，并且出色地完成了考察任务。最棒的是，他还将他的考察日志整理成了一本书——《在北冰洋漂流的日子》。感谢雷老师寄来的样书，这本书有如及时雨，在我翻译后期给了我很大的帮助。我可以在不打扰他本人的前提下了解到一些专有名词以及习惯性称呼的表述（不过后来还是稍微打扰了他）。

翻译期间我最抓不准的就是中国科考队员对一些名词的习惯性称呼，这种称呼有时跟它们的字面表述是不一样的。举个例子，外国科考队员们将“MOSAiC”在浮冰上搭建的整座冰站依据其观测和研究内容划分为多个区域，并给予它们相当社会化的称呼——气象城、气球镇、海洋城……在凄冷的北极极夜里，如此称呼确实会给人带来暖意。而中国队员们交流的时候真的也会这样称呼它们吗？凭我个人经历，我感觉不会；雷老师的回答也证实了我的猜测——确实不会。也许我们不够浪漫吧，但有时就是为了方便，毕竟以后对外宣传还得解释，费劲。对于类似事物，我采用尽量兼顾原意和中方实际表述的译名，或是加注。除此之外，我也对书中的一些词语做了必要的注释，希望能方便各位阅读。

感谢中国南极科考站长城站沈权站长和同样参加了此次“MOSAiC”考察的自然资源部第三海洋研究所詹力扬研究员为本书撰写推荐语，也十分感谢雷瑞波老师为本书作序。此次“MOSAiC”考察，我们中国总共派出了17名科考队员，参与了不同航段的工作，在浮标分布网络构建、冰底生态过程、温室气体循环、海冰和海洋过程观测等领域做出了重要贡献。中方参与人数仅次于德国、美国和俄罗斯，与瑞典和挪威等北极国家相当，是重要的参与国之一。然而考察期间受疫情影响，国内社会对此次考察的关注与宣传比预期的少，这是一件很遗憾的事情。虽然《漂流北极》一书的主角不全是我国的科考队员，但相信大家一定能从中看到他们的身影。也希望大家能继续关注和支持我国的极地科考事业，以及每一位为极地事业添砖加瓦的人。

曾千慧

2022年4月5日